The Man Who Wasn't There
Investigations into the Strange New Science of the Self
Anil Ananthaswamy

私はすでに死んでいる

ゆがんだ〈自己〉を生みだす脳

アニル・アナンサスワーミー
藤井留美＝訳
春日武彦＝解説

紀伊國屋書店

私はすでに死んでいる——ゆがんだ〈自己〉を生みだす脳

THE MAN WHO WASN'T THERE
by Anil Ananthaswamy

Japanese translation published by
arrangement with
Anil Ananthaswamy
c/o The Science Factory Limited
through The English Agency (Japan) Ltd.

「手ばなして自由になれ」とかいうけど、
誰が何を手ばなすのかと考えこんでしまう人たちに捧げる。

時空が無限に広がる中心のない宇宙が、よりによって私という人間をつくりだしたことが不思議でたまらない……私はそれまでどこにも存在していなかったのに、この時間と場所で、生命が宿るこの肉体が形成されたとたん、私がいることになった。肉体が続くかぎり……ひとつの種のひとつの個体の存在が、これほどの重みを持ちうるとは驚きだ。

トマス・ネーゲル

プロローグ

鬼に食われた男の話は、紀元一五〇～二五〇年に成立したとされるインド大乗仏教中観《ちゅうがん》派の書『中論』に出てくる。身の毛のよだつ話だが、仏教哲学における自己の本質を説いている。

長旅をしている男が、空き家に泊まることにした。真夜中、一匹の鬼が現われ、運んできた死体を男の横に置いた。それを追いかけるように別の鬼もやってくる。どちらの鬼も、死体を持ってきたのは自分だと主張して譲らない。らちがあかないので、鬼たちは一部始終を見ていた男に答えろと詰めよった。死体を運んできたのはどっちだ？

嘘をついてもしかたがない。どう答えても、どちらかの鬼に殺されるだろう。観念した男は、死体を持ってきたのは最初の鬼だとほんとうのことを言った。二番目の鬼は激昂して、男の腕を引きちぎった。そこから陰惨な場面が展開する。最初の鬼はすかさず死体の腕をはずして、男にくっつけた。以下同様で、二番目の鬼が男の身体の一部をちぎるたびに、最初の鬼が死体から同じ部分を取って男に戻したのである。両腕、両脚、胴体、ついには頭まで――とうとう男と死体はすっかり入れかわってしまった。二匹の鬼は死体に食らいつき、食事を終えると口をぬぐって去っていった。

あとに残った男は途方に暮れた。いったい何が起きたのか。生まれたときに与えられた身体は鬼たちにみんな食べられてしまい、いまの自分は赤の他人の身体で構成されている。自分には身体があるのか、ないのか。あるのだとしたら、これは自分の身体なのか、それとも他人の身体なのか。身体がないのなら、いまここにある身体は何なのか。

翌朝、男は混乱したまま旅を続けた。仏僧の一団と出会ったので、くすぶっていた疑問をぶつける。私は存在しているのでしょうか？　すると仏僧たちは男に問いかえした——おまえは何者か？　男はどう答えてよいかわからず、鬼に身体を交換された話をした。

私は誰なんでしょう？　現代の神経科学者ならば、この問いにどう答えるだろう。身体を丸ごと取りかえるなんて生物学的にありえないと指摘しつつも、「私」に光を当てる興味ぶかい答えが返ってくるにちがいない。これからそんな話をしていこう。

私はすでに死んでいる——ゆがんだ〈自己〉を生みだす脳　目次

◎本文中の［*01］は著者による注で、章ごとに番号を振り、原注として巻末に付す。
◎『　』で括った書名で原注に記載のないものについては、原題を（　）で併記するが、邦訳があればその書誌を（　）で併記する。

第1章

生きているのに、死んでいる

「自分は存在しない」と主張する人びと

快楽、喜び、笑い、たわむれ、そして悲しみ、苦痛、嘆き、涙。これらは脳でしか生まれないことを人間は知っておくべきだ……私たちを苦しめるすべてのものは脳から来ている……狂気は湿った脳から生じる。

ヒポクラテス[*01]

自分のたしかな手ごたえをつかみ、自分を定義して要約しようとがんばっても、水は指のあいだからこぼれていくばかり。

アルベール・カミュ[*02]

イギリス、エクセター大学の神経学者アダム・ゼーマンは、精神病棟からかかってきた電話を一生忘れないだろう。それは、脳が死んでいると言いはる患者がいるから、すぐに来てくれという要請だった。モンティ・パイソンじゃあるまいし。精神病棟？　集中治療室（ＩＣＵ）じゃなくて？「ＩＣＵからの呼びだしにしては妙でした」とゼーマンは振りかえる。

患者はグレアムという四八歳の男性だった。二番目の妻と別れたあと、グレアムは重いうつ病になって自殺未遂を起こした。浴槽に浸かり、電気ヒーターで感電死しようとしたのだ。ヒューズが飛んでグレアムは助かった。「身体に損傷はなかったのですが、数週間後、脳がもう死んでいると言いだしたのです」

グレアムの思いこみはいささかも揺るがず、そのためゼーマンとの会話もこんな奇妙なものになった。ゼーマンは彼にこう言った。「グレアム、あなたは私の声が聞こえるし、私の姿も見える。私の話も理解できる。過去のできごとを覚えているし、自分の言いたいことを伝えられる。それは脳が働いている証拠じゃないか」

しかしグレアムは譲らない。「いやいや、私の脳は死んでるんです。精神は生きてますが、脳はもう生きてないんですよ」

グレアムは自殺が未遂に終わったことで、精神が混乱していた。ゼーマンは言う。「彼は未死というか、半死というか、そういう状態でした。死者の世界に一度行ってしまったのです。だからあっちにいるときが本来の自分だと感じていた」

グレアムの思いこみを探るために、ゼーマンはあれこれ質問をしてみた。すると自分自身と、自分が生きる世界に対する主観的な認識が根幹から変わっていることがはっきりした。グレアムは飲んだり食べたりしたいと感じないし、以前は楽しかったことも魅力が褪せた。煙草を吸ってもおいしいと思わない。眠たくならないので、眠る必要も感じない。もちろん実際には、食事はするし睡眠もとっている。だが、それをしたいという欲求がすっぽり抜けおちていた。

グレアムは、私たちみんなが持っているものを失った——欲求や情動を感じる能力だ。情動が鈍くなったり、平板になったりする症状は、離人症性障害や重いうつ病でも見られるものの、自分が存在していないというはっきりした妄想を抱くことはない。グレアムの場合、情動のぼやけぐあいが極端で、「経験が大きく変質したために、脳が死んだと本人が結論づけた」のだとゼーマンは解説する。

ゼーマンによると、こうした強烈な妄想は背景に二つの要因があるという。ひとつは、自分自身と世界の感じかたが大きく変わったこと。よりどころにしていた情動のはしごが、いきなりはずされたのである。もうひとつは、経験の論理的解釈のずれだ。グレアムの場合、二つとも当てはまるとゼーマンは考える。

脳が死んだというグレアムの確信は、ちょっとやそっとでは揺るがない。ゼーマンは思いこみが誤りであることを理解させようと話を詰めていった。見る、聞く、話す、考える、記憶するといった精神機能に問題がないことは、グレアム自身も認めた。

「つまりきみの精神は生きているというわけだね」ゼーマンは言う。

「そうです。精神は生きています」

「精神は脳と密接に結びついているのだから、脳も生きているのでは?」ゼーマンは核心に迫った。

だがグレアムはその手には乗らない。「いやいや、精神は生きていても脳は死んでいます。自殺未遂をしたあの浴槽で死んだんです」

ふつうなら決定的なはずの証拠を突きつけても、グレアムはぜったいに受けいれなかった。脳が死んでいるのだから、自分は死んでいるのだ――これほど明確な妄想を持てるとは。法律的に脳死が人の死ではない時代だったら、彼の妄想も別なものになっていただろうか。

自分が死んでいると主張する患者は、ゼーマンにとって二人目だった。最初は一九八〇年代半ば、イギリスのバースで働いていたときに担当した女性だった。彼女は何度も手術を繰りかえして身体がぼろぼろになっていたところに、長時間にわたる腸の手術で重度の栄養不良に陥っていた。そのせいでうつ病を発症し、自分がもう死んでいると思いこんでいたのだ。「無理からぬことだと思いましたよ。それほどつらい目にあってきたんです」ゼーマンはそう振りかえる。

グレアムを診察したゼーマンは、コタール症候群の診断を下した。一九世紀フランスの神経学者で精神科医のジュール・コタールの報告がきっかけで知られるようになった病気だ。

＊＊＊

フランス、パリ六区にあるパリ第五ルネ・デカルト大学の建物は、正面に堂々たる柱廊を持つ新古典主義建築の傑作だ。一八世紀後半に建築家ジャック・ゴンドゥワンが手がけたもので、見る者の注意を惹きつけ、思わず足を踏みいれたくなる開かれた印象を与える[*03]。

この大学の医学部図書館は、ジュール・コタールの生涯をたどる貴重な資料を所蔵している。それはコタールの友人であり、やはり精神科医だったアントワーヌ・リッティが、コタールの死から約五年後の一八九四年に書いた追悼文だ。コタールはジフテリアにかかった娘を献身的に看病していたが、自らも同じ病に倒れて一八八九年に死去していた[*04]。リッティによる追悼文は、背中に「伝記資料集」とだけ書かれた古めかしい革装本に収められており、コタールについて知ることのできるほぼ唯一の情報源である。追悼文の冒頭には、当時の大学医学部長に「深い敬意をもって捧ぐ」と手書きで記され、リッティの署名があった。

コタールは「虚無妄想」を発見したことで知られる。ただし一八八〇年六月二八日、医学心理協会の会合で初めて報告したときは、まだ「重い心気性うつ病における譫妄《せんもう》状態」と表現していた。その実例として紹介された四三歳女性は、自分には脳も神経も、上半身も内臓もなく、あるのは皮膚と骨だけだと思っていた[*05]。そして「神も悪魔も存在しない」と主張し、自分は永遠に生きつづけるのだから食べ物も必要ないと考えていた。生きたまま焼かれることを願い、自殺未遂を何度も起こしていたという。

この状態はコタールによって虚無妄想と名づけられ、彼の死後は発見者にちなんでコタール症候群と呼ばれるようになった。自分が死んでいると思いこむ症状はとりわけ目を惹くが、すべての患者がそうした妄想を抱くわけではない。コタール症候群の症状には、ほかにも身体の一部や臓器が喪失したとか、腐敗しているという思いこみ、強い罪悪感、責められたり非難されているという感覚がある。また、矛盾しているようだが不死感を持つ患者もいる。

自分が存在しないという妄想は、哲学の視点から眺めると興味ぶかい。一七世紀フランスの哲学者ルネ・デカルトの「我思う、ゆえに我あり」という命題は、長いあいだ西洋哲学の基盤だった。デカルトは、精神と身体の二元論を明確に打ちたてたのである。身体は物質世界に属するもので、空間をふさぎ、時間の流れのなかに存在する。いっぽう精神の本質は思考であり、空間にはみだしてくるものではない。ただし哲学者トマス・メッツィンガーによれば、デカルトの我思うとは、「五感に左右されない、明瞭かつ明確な知的認知」という意味での「考える」ではないという[*06]。あくまで「自分の頭の中身を本人が誤解するはずがない」というのが、デカルト哲学の大前提なのだ[*07]。

だが、そんな前提をくつがえす病気はたくさんある。たとえばアルツハイマー病患者は、自分の状態を認識できていないことが多い。その意味ではコタール症候群もやっかいだ。メッツィンガーは、コタール症候群の現象学、つまりこの病気になったらどんな感じなのかということに注目すべきだと主張する。「コタール症候群の患者は、自分が死んでいるというだけでなく、存在すらしていないと明言することがある[*08]」生きている人間が、自分は存在しないと主張するなんてありえないと思うが、それがこの病気の現象学の一部なのである。

図書館のある建物を出た私は、柱廊上部に彫られた「ルネ・デカルト大学」の文字を振りかえって仰ぎ見た。デカルトの名を冠した大学の図書館で、ジュール・コタールについて調べるのも何かの縁だろう。コタール症候群に現われる妄想は、デカルト哲学の前提にどんな影を落とすのか。患者は「我思う、ゆえに我なし」と言うのだろうか。

＊＊＊

自分の身体がわかる私。自分という人間のイメージと、これが自分だという感覚を持つことができて、自分に統合意欲があるとわかる私。そうしたことを認識しているだけでなく、認識していることも認識できる私。そんな風に見わたし、見とおせる私って、いったい誰？[＊09]

たしかに、いったい誰なのだろう。アメリカの心理学者ゴードン・オールポートの詩的なつぶやきは、人間らしさの本質に迫る謎をうまく言いあてている。オールポートが何を言っているのか、私たちは直感的に理解できる[＊10]。〈それ〉は、眠りに落ちるとどこかに消えるけれど（夢で再登場することもあるが）、目が覚めたときにはちゃんといる。〈それ〉が身体にしっかりつながっているおかげで、身体は自分が制御できる所有物だと確信できるし、そこから世界を認識できる。〈それ〉は幼いころの最初の記録から、想像の果ての未来まで、ひとすじに伸びる「これが自分」という感覚。それらがすべて束ねられて、ひとつのまとまりになっている。〈それ〉が自己感覚だ。私たちは自分自身と親密であるにもかかわらず、自己の本質は人間にとっていまだに最大の謎である。

有史以来、人間は自己に魅せられ、混乱させられてきた。二世紀のギリシャで活躍した旅行家・地理学者パウサニアスは、デルポイのアポローン神殿に刻まれた格言について書いているが、そのひとつが「汝自身を知れ」だった[*11]。紀元前に成立したサンスクリットの奥義書「ケーナ・ウパニシャッド」は、こんな言葉で始まっている。「精神は誰の命令で対象へ関心を向けるのか？……人は誰の意思で言葉を発するのか？　目と耳に指図するのはいかなる力なのか？[*12]」

古代キリスト教の神学者である聖アウグスティヌスは、時間とは「誰に問われなくても知っているが、問われても説明ができない」ものだと述べている[*13]。これは時間というより自己について語っているのかもしれない。

ブッダから現代の神経科学者や哲学者に至るまで、人間は自己の本質を探りつづけてきた。自己は実在するのか、それとも幻想なのか？　自己は脳のなかにあるのか。もしそうなら、脳のいったいどこに？　最新の神経科学が教えてくれるのは、自己とは脳と身体の複雑な相互作用の産物だということ。それは神経作用によって刻一刻と更新されており、その瞬間のつながりが継ぎ目のない人格感を与えているということだ。自己は幻想であり、自然の精巧なトリックだという話もよく耳にするが、この主張は根本的な部分がぼかされている。自己が幻想にすぎないのであれば、トリックの対象となる「私」はいないわけで、幻想を抱く主体すら存在しないことになるのだ。

＊＊＊

ルネ・デカルト大学からエコール通りに出て、自然史博物館を過ぎて三〇分ほど歩くと、ピティエ＝サルペトリエール病院に着く。一八六四年、ジュール・コタールはインターンとしてこの病院に赴任し、医師としての第一歩を踏みだした。私がここを訪れたのは、児童青年精神科のダヴィド・コーエンに会うためだ。

コーエンは実習生だったころも含めて、コタール症候群の患者を数名担当したことがある。この病気はきわめてめずらしいが、それでも症例としては充分多く、コーエンはじっくり観察することができた。なかでも私たちが注目したのは、コタール症候群の患者としては最年少に属する一五歳の少女、メイだった[＊14]。コーエンはメイの治療を担当し、回復したあとも長時間にわたって面談を行なって、メイの幻想と成育歴が結びついていることを突きとめた。病気で幻想を抱いているときでさえ、人間の自己は自分史（パーソナル・ナラティブ）や、さらには文化的規範の影響を色濃く受けることがわかったのだ。

メイは気分が激しく落ちこみ、自分の存在を否定する幻想を抱くようになった。一か月ほどしてコーエンの診察を受けたが、やがて重い緊張病症状で口がきけず、身動きもとれなくなって精神科に入院した。「その様子は看護師たちも怖がるほどでした」とコーエンは振りかえる。治療のかいあってメイは一日に数語話せるようになり、看護師はそれを逐一記録した。散発的な本人の言葉と、両親からの聞きとりをもとに、コーエンはメイの背景を少しずつ組みたてていった。

メイはカトリックを信仰する中流家庭に生まれた。きょうだいは姉と兄で、一〇歳年長の姉は歯科医と結婚して家を出ていた。母親はメイを産む前に重いうつ病にかかった経験があり、叔母のひとりもうつ病で電気ショック療法を受けていた。これは脳に弱い電流を流して人為的に痙攣《けいれん》発作を起こすもので、他の治療で改善しない場合の最後の手段ではあるものの、重度のうつ病に有効であることが多い[*15]。

メイの幻想は、コタール症候群に典型的なものだった。自分には歯がないし、子宮もない。もう死んでいるような気がするとコーエンに訴えていた。「あれはまさにモール・ヴィヴァンですが、英語で何というのか……」コーエンは適切な訳が思いつかなかったようだ。あとで調べたら、リビング・デッドだとわかった。生ける屍だ。

メイは自ら棺に入って、埋葬されるのを待っていたという。

投薬を含めてさまざまな治療を試したが、六週間たっても病状は変わらない。コーエンは電気ショック療法を提案した。過去にうつ病経験があったためか、両親も即座に了承する。六回の治療で改善の兆しが出てきたものの、やめるとたちまち逆戻りだった。再開後は、頭痛や軽い錯乱、記憶障害が残ったりしたものの、順調に回復した。話ができるようになったメイは、まるで悪い夢から覚めたみたいだった。

メイとの面談で、幻想について頭に浮かんだことを自由に話してもらうと、意外な事実が浮かびあがってきた。たとえば「歯がない」という思いこみは、歯科医をしている義兄に関係していたようだ。メイは義兄に複雑な感情を抱いており、彼の治療を受けるのはいやだと言った。メイは自分の性格をピュディークだと評した。コーエンはまたもや言葉が見つからない様子だったが、英語だとモデスト、つまり慎みぶかいということだ。そんなメイは義兄のことを、「目の前でぜったい裸になりたくない人」と表現していた。

子宮がないという妄想は、マスターベーションの経験と結びついていた。「彼女は自慰行為に罪悪感を覚え、妊娠できないかもしれないとおびえていたのです」

妄想の具体的な内容は、患者本人の成育歴や文化的背景が関係しているというのがコーエンの指摘だ。その一例として彼が挙げたのが、一九九〇年代に関わった五五歳の男性患者だ[*16]。彼もコタール症候群と診断され、エイズにかかっていると思いこんでいた。男性は双極性障害もわずらっており、躁状態のときには異常性欲になる。その罪の意識が妄想につながったのだろう。興味ぶかいことに、一九七〇年代までは性感染症がらみの疾病妄想は決まって梅毒だった——当時の社会では梅毒が悪業の報いだったのだ[*17]。実はこの男性も、軍隊にいたとき梅毒に感染している（抗体検査で確認された）。それなのに数十年後の疾病妄想は梅毒ではなくエイズだった。昨今はコタール症候群の妄想に梅毒はまず登場しない。「これはひとつの症例にすぎませんが、多くのことを示唆しています」とコーエンは言った。

自分の存在が根本から揺らぐコタール症候群は、自己の仕組みを探る重要な手がかりになるとコーエンは考える。自己は、自分の身体や生い立ち、それに社会や文化と密接に結びついている。脳、身体、精神、自己、社会はおたがいに切っても切れない関係にあるのだ。

＊＊＊

エクセター大学のアダム・ゼーマンも、同様の印象をグレアムに対して持っていた。グレアムの妄想は、精神は生きているが脳が死んでいるというものだ。「コタール症候群に特徴的な妄想が、現代的にアップデートされているのです。脳だけが死んでいるという発想は……医療現場で最近出てきた脳死の概念に関係しています」

さらにゼーマンが関心を寄せるのは、「形のない」精神が、脳や身体から独立して存在しうるというグレアムの妄想の二重性だ。「私たちが陥りやすい二元論を、的確に表現していると思います。脳が死んでも精神は生きているというのは、二元論の究極の発想でしょう」

哲学的な考察はともかく、グレアムの状態は痛ましかった。「緩慢で反応も薄く、声にもまったく感情がこもっていません。たまにふっと笑顔を見せる以外は、ほぼ無表情です。ものを考えるのもひと苦労で、寂寞《せきばく》とした内面がうかがえました」とゼーマンは話してくれた。

＊＊＊

コタール症候群の患者は、重度のうつ病を発症していることが多い。うつ病は私たちが思っている以上に深刻な病気だ。セネガル系フランス人の精神科医ウィリアム・ド・カルヴァーリョは、パリのヴィクトル＝ユーゴー通りに面した診療所で、うつ病の重症度を解説してくれた。まず一本の横線を等間隔で区切る。左端を「正常」として、「気持ちが晴れない」「気分が落ちこんでいる」「気分が激しく落ちこんでいる」「うつ状態」としだいに重くなっていく。ド・カルヴァーリョは直線に点線を追加した。ここから先は、病状は段階的に進行しないのだ。点線の右端に位置するのがコタール症候群だった。「コタール症候群は、地球に立ちはだかる巨大な黒い壁みたいなもの。そこから土星をのぞこうとしても、見えるはずがないのです」ド・カルヴァーリョの表現は独特だ。

ド・カルヴァーリョは自分の診療所のほかに、パリのサンタンヌ病院でも働いているが、一九九〇年代初頭に担当したコタール症候群の患者のことは、いまもよく覚えている。その男性患者には、典型的な「メランコリック・オメガ」が現われていた[＊18]。これは鼻と眉間にしわが寄った独特の表情のことで[＊19]、チャールズ・ダーウィンが著書『人及び動物の表情について』（浜中浜太郎訳、岩波文庫、一九三一年）で記述している[＊20]。しわがギリシャ文字のオメガに似ていることから、一八七八年にドイツの精神科医ハインリヒ・シューレが命名した。

男性患者は五〇歳のエンジニアで、詩人でもあった。あるとき彼は妻の首に手をかけて絞め殺すふりをしたあと、警察を呼べと言った。駆けつけた警官たちは、ひと目見て男が尋常でないと気づき、警察署ではなく直接サンタンヌ病院に連れていった（男の行動は過去の事件の模倣だった。一九八〇年、フランスの哲学者ルイ・アルチュセールは妻を絞殺したが、うつ病を理由に刑事罰を逃れて精神病院に収容されている［*21］）。

事件の翌日、ド・カルヴァーリョは男と面談した。なぜ奥さんを殺そうとしたのかという質問に、男は「そうすれば首切りの刑にしてもらえるから」と答えた。フランスではもう死刑は廃止されているのに、極刑を望んでいたのだ。

男には、コタール症候群に特徴的なもうひとつの症状があった――罪悪感だ。ド・カルヴァーリョは言う。「自分はヒトラー以下の人間だと彼は言いました。人類の敵だから、殺してもらいたいと」

男はやせ細り、ひげは伸び放題だった。シャワーを浴びて水を浪費する資格はないからと、入浴もしなくなっていた。病院はコタール症候群の記録として、男の様子を撮影することにした。ところがカメラを向けるド・カルヴァーリョの前で、男は「自分は悪い人間だ。見る人に邪悪なものが移ってしまう」とシーツを頭からかぶってしまった。映像を見るだけでは何も移らないと言いきかせると、「わかってる。でも似たようなものだ。それぐらい私は邪悪なんだ」と答えた。ここでも文化的な背景が妄想に影響を与えていた。男はエイズの流行は自分のせいであり、映像を見た人はそれだけでエイズになると信じていた。

男は電気ショック療法などの治療を受け、時間はかかったものの回復した。ド・カルヴァーリョが、病気のときに撮影した一二分間の映像を見せると、男はこう言った。「なるほど、興味ぶかいですな。ところで、これは誰なんですか？」ド・カルヴァーリョは最初冗談だと思った。

「あなたですよ」

「いや、私じゃありません」

すぐにド・カルヴァーリョは悟った――本人にわからせるのは無理だ。コタール症候群の深い闇に迷いこんでいたときの彼は、いまの彼とはまったく別人なのだ。

コタール症候群ではうつ状態が極度に激しくなるが、精神科医が首をかしげるのは、自殺する患者がほとんどいないことだ。車のヘッドライトを浴びて立ち往生するシカのように、うつが重すぎて身動きがとれないのかもしれない。しかしド・カルヴァーリョは、彼らが自殺しないのは死んでいると思っているからだと推測する。「すでに死んでいるのに、さらに死ぬことはできないんです」

＊＊＊

アダム・ゼーマンは、グレアムのうつ状態や妄想の程度を把握するにつれて、神経学的な要因を疑うようになった。グレアムの自己感覚と環境認知を変質させる何かが起こったのではないか？ そんなときに頼りになるのがベルギー、リエージュ大学の神経学者スティーヴン・ローレイズだ。ゼーマンは本人の同意を得たうえで、精神科専門の看護師を付きそわせてグレアムをリエージュに向かわせた。リエージュ大学病院にやってきたグレアムは、ローレイズ先生との面会を求めた。

ゼーマン同様、ローレイズもそのとき秘書からかかってきた電話を一生忘れないだろう。「先生、自分は死んでいると話す患者さんがいます。すぐに来てください」

＊＊＊

ローレイズが診察するのは重篤な患者が多い。昏睡状態だったり、無反応覚醒症候群（いわゆる植物状態）だったりする。最小限の意識しかなかったり、閉じこめ症候群（意識はあるが全身が完全に麻痺しており、眼球しか動かせない）のこともある。

ローレイズの研究チームは、そんな重症患者と健康な人を一〇年以上比較して、脳の前頭葉（額のすぐ裏に位置する皮質）と頭頂葉（前頭葉の後部にある）の主要領域を結ぶネットワークを特定した。このネットワークの活動が、意識的自覚（conscious awareness）の目印になっているという。意識的自覚には二つの次元があるとローレイズは説明してくれた。ひとつは外の世界に対する自覚で、視覚、触覚、嗅覚、聴覚、味覚を通じて知覚されるものすべてだ。もうひとつは内的な自覚で、自分の身体への知覚や、外的刺激とは無関係に生まれる思考、心象、白昼夢など、自己参照的な知覚だ。「私たちが意識と呼ぶものはきわめて複雑で重層的です。なので単純化しすぎのきらいはありますが、この二つを頭に入れておくことは有効だと思います」とローレイズは言った。

意識的自覚に深く関わるこの前頭頭頂ネットワークも、くわしく見ると二種類の異なるネットワークで構成されている[*22]。ひとつは外的自覚と相互に関係するネットワークで、前頭頭頂領域のやや外側に位置している。もうひとつが内的自覚のネットワークで、こちらは前頭頭頂領域の内側、左右の脳を分ける正中溝寄りにある。このネットワークは、自己感覚のさまざまな要素に関係しているとも考えられている。

健康な人で調べると、二つの次元の自覚は逆相関になっていることがわかる。外界に注意が向いているときは、外的自覚のネットワークが活発になり、内的自覚のネットワークはおとなしくなるのだ。もちろんその逆もある。

脳には、意識的自覚に深く関わるところがもうひとつある。それが視床だ。前頭頭頂ネットワークと視床は、少し離れているが双方向で連絡をとりあっている。両者間の情報の交換と処理が活発になることで、私たちは喚起しただけの状態から、意識的に気づいた状態に移行するのである。

ローレイズが繰りかえし強調していたのは、「自分たちはネオ骨相学者になってはいけない」ということだった。骨相学とは、ドイツの医師フランツ・ヨーゼフ・ガル（一七五八～一八二八）が創始した研究分野だが、今日の科学では否定されている[*23]。人間のあらゆる精神活動は、脳のどこかの領域（器官）が生みだしたものであり、器官の発達の差が頭蓋の形状に反映される。そのため頭蓋を外からさわるだけで、どの器官が優れているかわかるとガルは考えた。

自己は脳の特定の領域で生まれるものではないのです。ローレイズはそう断言した。

＊＊＊

ローレイズはグレアムと面談した。グレアムは深刻なうつ状態だった。歯磨きをまったくしないので、歯は真っ黒だ。脳が死んでいるという主張は、アダム・ゼーマンに訴えたものとまったく変わらなかった。「うそをついている様子はまったくない。そこで彼の頭をスキャンすることにしました」

本人は抵抗しなかったのか？

私はかまいません――グレアムはそう答えたという。脳が死んでいても、グレアムが自分のことを話すときは一人称だった。

グレアムの脳は、ＭＲＩ（核磁気共鳴画像）スキャンとＰＥＴ（陽電子放射断層撮影）スキャンにかけられた。ＭＲＩの画像では構造的な損傷はなさそうだったが、ＰＥＴ画像で奇妙な特徴が見つかった。意識的自覚をもたらす前頭頭頂ネットワークの代謝が極度に落ちていたのだ。内的自覚にかかわるネットワークのなかに、デフォルト・モード・ネットワーク（ＤＭＮ）と呼ばれる部分がある。自己言及活動で活発になるところで、脳内で最も接続が密な場所のひとつ、楔前部《けつぜんぶ》が中枢となっている。グレアムの脳では、このDMNと楔前部が静まりかえっていた――無反応覚醒の患者の脳とほぼ同程度だったのだ。このときグレアムは薬物治療を受けていたが、これほどの代謝低下は薬物の影響だけでは説明できないとローレイズは言う[*24]。

代謝低下は、前頭葉の外側面にも広がっていた。とくに顕著だったのが、理性的思考に関与する領域である[*25]。

ローレイズもゼーマンも、たったひとりの例で多くを語るべきではないと自戒するが、それでもこの事実は多くのことを示唆している。脳の正中溝近辺の代謝が低下したために自己経験が変容した。おそらく自己感覚も大幅に失われたことだろう。ただしそれだけなら、変容したなりに自分の言葉で語れるはずだが、代謝低下が前頭葉の他の領域にまで拡大したせいで、それもできなくなった。だからグレアムは脳が死んだと思いこんだのではないだろうか。

この仮説の裏づけになりそうな症例が、二人のインド人医師によって二〇一四年一一月に報告されている。報告者のひとりで、インドはアグラにあるサロジニ・ナイドゥ医科大学のサヤンタナヴァ・ミトラは、私の問いあわせに電子メールで答えてくれた。それによると、認知症の六五歳の女性が、コタール症候群の典型的な症状を呈しはじめた[*26]。女性は「自分は死んでいて、いまの私は私ではない」「私は存在していない」「私の脳はからっぽで何もない」「親族に伝染させてしまった。彼らの苦しみは自分のせいだ」と主張していたという。

ミトラたちがＭＲＩで女性の脳をスキャンしてみると、前頭側頭部の萎縮が見られた。なかでも島《とう》皮質という奥まった領域は、左右どちらも損傷が激しかった。身体状態を主観的に知覚できるかどうかは意識的な自己性の体験に欠かせない要素だが、最近の研究で、そこに島皮質が関わっていることがわかってきたところだ。島皮質の損傷のせいで正しい身体感覚が持てないうえに、修正しようにも認知症がじゃまをする。それが自分は死んでいるという思いこみにつながったようだ。

軽めの抗精神病薬と抗うつ薬で治療を行なった結果、女性は心理療法が受けられるまでになった。自分の頭が腐っていると思いこむ女性に、療法士はＭＲＩスキャンの画像を見せたという。この作戦が当たって、女性は妄想から解放された。女性は退院し、投薬治療で少しずつ快方に向かっているという。

グレアムも最終的には回復した。コタール症候群の唯一の救いは、電気ショック療法などの治療が必要ではあるが、ほとんどの場合一過性だということだ。

ゼーマンは言う。「コタール症候群の妄想は、言うならば暗喩が直喩に勝利したということです。朝目を覚ましたとき、〈半分死んだような〉感覚を覚えることはままあります。いつもとちがう経験を〈～のような〉と直喩で表現することはめずらしくありません。ところがコタール症候群では、たとえがほんとうのことにすりかわってしまう。合理的な推論ができなくなっているんです」

＊＊＊

コタール症候群の症例がきわめて少ないのは、患者が抱く妄想のメカニズムがまだ充分に解明されていないせいもある。だが、この病気が自己の本質を知る窓口になっていることはたしかだ。アメリカの哲学者ショーン・ギャラガーは、オーストリアの哲学者ルートヴィヒ・ウィトゲンシュタインの発想をもとに、免責原理を唱えている[*27]。たとえば「私は地球は平らだと思う」という主張があるとする。地球が平らという点ではまちがいだが、主張を述べる主体としての「私」に誤りはない。私という代名詞を使うときは、ほかの誰でもなく経験の主体を指している。そこはまちがいようがない……はずだ。

哲学者が統合失調症など精神疾患に関心を持ち、論考の対象にするなら、コタール症候群はまさに格好の素材だろう。「私は存在しない」という患者の妄想は、一見すると免責原理に反しているように思える。地球が平たいのと同じく、自分の存在についての主張は誤りだ。しかし、それを主張する「私」はまちがいなく存在しているし、それは非存在を経験している当人以外にありえないのだから、免責原理は保たれていることになる。

「私」とはいったい何で、誰のことなのか？ この本全体を貫いているのはそんな疑問だ。何であろうと、誰であろうと、「私」は経験の主体として出現してくる。

それにしても、脳の物理的・物質的な作用から、どうやって非物質的かつ個人的な精神生活（「私」という主観はその核になる）が生じるのか。これがいわゆる意識のハード・プロブレムである。

神経科学はまだこの問題に答えを見つけていない。そもそもこれは科学で解決する問題なのか。もしかするとこの問題自体が錯覚で、脳の働きがとことん解明されたあかつきには雲散霧消するのではないか。哲学者のあいだでは、そうした点でも意見が激しく対立している。意識のハード・プロブレムに、神経科学の立場から答えを提供することがこの本の趣旨ではない——答えはまだないのだから無理な話だ。

この本で見ていきたいのは、自己はどんな性質なのかということだ。自己を探るときは、その多面性をとっかかりにするのがひとつの方法だ。「私」は他者に対して、さらには自分自身に対してひとつきりの存在ではない。「私」はたくさんの顔を見せる。アメリカの偉大な心理学者ウィリアム・ジェイムズは、自己には少なくとも三つの側面があると考えた[*28]。自分あるいは自分のものと見なすすべてのものが物質的自己。他者との相互作用に依存する社会的自己（「ひとりの人間には、頭に姿を思いうかべることができる人の数だけ社会的自己がある」[*29]）。そして精神的自己だ（「ひとりの人間の内的、もしくは主観的存在、心的能力、あるいは心的資質」[*30]）。

自己の探求には、「客観としての自己」と「主観としての自己」に分けて考えることも有効だ。自己には客観の側面もある。たとえば「私は幸せだ」と言うとき、幸せという感情はその瞬間の自己感覚の一部なので、客観としての自己に属する。自分の状態として、そうした感情に気づくことができるはずだ。いっぽう幸せを感じる「私」、つまり幸福感を自覚している存在は、つかみどころのない主観としての自己だ。この「私」は落ちこむこともあれば、喜びで我を忘れることもあるし、その中間のこともある。

この分類を念頭に置いてローレイズの研究を見てみよう。前頭頭頂ネットワークが正常に働き、内的自覚と外的自覚が適切に切りかわっていれば、変わるのは意識の中身だ。外的刺激の自覚から、自己のさまざまな側面への自覚へと移りかわる。自分の身体、記憶、ライフストーリーが意識されている状態では、いろんな側面を持つ自己が意識の中身になるし、それが客観としての自己を構成する。

コタール症候群では、そうした客観としての自己が鮮明に経験できないのかもしれない。意識のなかで、対象を自分のもの、そうでないものに分けてラベルを貼る働きがうまくいっていないのだ(ラベル貼りの背後にあるメカニズムについては後述する)。グレアムの場合、ふつうなら自分の身体や情動に貼るくっきりした「私のもの[*31]」ラベルがなくなっていたと考えられる。その結果、自分の脳が死んだという非合理的な思いこみが意識的な自覚に入りこんでしまった。それを阻止するはずの前頭葉外側面も、活動が停滞して役に立たなかったのである。

だが、何であれ経験の主体はその本人ではないのか。哀切なヴァイオリンの音色に聴きほれ、自分の身体のこととか、仕事の心配といった情報が意識から消えていたとしても、自分がいま経験しているという感覚は残っているのでは?

そんな疑問の答えに少しでも近づくには、病気などの結果、神経心理学的な要因で自己が揺らいでしまった人びとを観察するのもひとつの手段だろう。そうすることで、自己というものの一端を知ることができる。
ララ・ジェファーソン著『これが私の姉妹です——狂気の内側からの記録（*These Are My Sisters: A Journal from the Inside of Insanity*）』には、統合失調症で自己がゆがめられた状態を如実に伝える一節がある。

私に何かが起こった——それが何かわからないけれど。いままでの自分がすっかり崩れて、見たこともない人が現われた。彼女は赤の他人だし……ましてや現実の人間でもない——彼女は私ではないけれど……彼女は私——それに、狂っているとはいえ、私はまだ自分を背負っている。だからどうにかして自分の面倒も見なくちゃいけない[*32]。

実に苦しい状態だが、私を私にしているものは何かという疑問を解く手がかりがそこにある。脳の病変や損傷が脳研究に役だつのと同じだ。こうした精神疾患は、自己という建物の正面にできたひび割れのようなもの。そこからのぞけば、休むことなく行なわれている神経活動を探ることができる。自己感覚を混乱させる神経心理学的な病気はたくさんあるが、この本では二つの基準を満たすものを選びだした。ひとつは、自己の諸側面を具体的に知ることができるかどうか。もうひとつは、自己とは何かという視点での研究が行なわれているかどうかだ。
アルツハイマー病の患者を見ていると、その人だけの物語のページを開いているような気にさせられる。「私は誰？」と問われても、記憶が呼びだせなかったり、自分の特徴を参照する脳の領域が損傷したりして、「私はリチャードだ」「私は元教授だ」と答えられない。それは自己感覚が失われたということなのか？　そうだとすれば、失われたのは自己感覚の全部、それとも一部だけ？　自らの一貫した物語――ナラティブ・セルフとか自伝的自己とも呼ばれる――が崩壊していても、自己のそれ以外の側面は機能しているのか？

アメリカの作家で詩人のラルフ・ウォルド・エマソンは、記憶を題材にした多くの文章を書き、自分が自分でいられるのは記憶のおかげだと考えていた。晩年の彼は認知症をわずらっていたと思われるが、なぜか本人はそのことに無関心だったという[*33]。自分の変化に気づかないのは、アルツハイマー病の特徴のひとつだ。自分が病気だという認識も含めて、アイデンティティを変質させるのがこの病気なのである。

次章では、アルツハイマー病と人格崩壊について見ていこう。この病気は進行すると精神が完全に破綻してしまうが、そうなっても自己性の本質は多少なりとも残っているのだろうか。アメリカを代表する作曲家アーロン・コープランド（一九〇〇～一九九〇）も晩年はアルツハイマー病を発症し、自分がどこにいるのかわからないときもあったが、それでも自作「アパラチアの春」の管弦楽組曲版を指揮することはできた[*34]。この場合、指揮棒を振ったのはコープランド自身と言っていいのだろうか。

身体完全同一性障害という病気がある。自分の身体の一部（多くは手足）が自分のものでないと強く思いこみ、切断してしまいたいという観念にとりつかれるのだ。この病気は、脳が自分の身体の感覚、つまり身体自己意識（bodily self）をどう築いているのかを知る手助けになる。

統合失調症は人格をばらばらにする。自分の行動はまぎれもなく自分が行為者だという感覚、つまり自己主体感の変調が断片化の一因とされる。自己主体感は、自己を構成するさまざまな側面のなかでも最重要に位置するものだが、それがゆがむとなぜ精神疾患になるのだろう。

離人症性障害は、情動的な基盤が失われて自分がまるで他人のように思える病気だ。自己を成立させるうえで、情動や感情がどんな役割を果たしているのか。この病気がそれを探る手がかりになる。

自閉症は、自己の形成過程に光を当ててくれる。自閉症の子どもは、他者の気持ちを直感的に「読む」ことができず、人間関係に支障が出ることが多い。ひょっとすると、それは自分自身の精神を読む能力、ひいては自意識の発達とも関係しているのでは？　自閉症の脳は、自分の身体や、周囲との相互作用を正しく認識することができず、不安定な身体自己意識がさまざまな問題行動を引きおこすという興味ぶかい指摘もある。

体外離脱やドッペルゲンガー現象（自分とうり二つの人物が出現する）は、自分は自分の身体のなかに存在し、目の奥から世界を見ているという当たり前すぎる感覚さえ、攪乱《かくらん》されることがあると教えてくれる。自己を築く土台を理解するには、格好の研究材料だろう。

恍惚てんかんでは、超常現象との区別があいまいになってくる。自分がいま、ここにいるとはっきり認識しているにもかかわらず、なぜか自他の境界がぼやけ、すべてを超越した全宇宙との一体感を覚えるのだ。だがこの病気こそ、自己の本質に迫るものだ。自己はほんの数秒しか継続しないものなのでは？　そもそも自己は存在するのか、しないのか？

自己を探究する旅の終わりはインドのサールナートだ。いまから二五〇〇年ほど前、ブッダはここで最初の説法を行なった。滅私という仏教の教えは、自己は幻想だという現代の哲学者たちの主張と通じるものがある。でもほんとうにそうなのか？　経験的な証拠があるのに、自己なんてでっちあげだと決めつけてよいのか。自己を揺さぶるさまざまな病気から拾いあつめた洞察は、人類始まって以来の疑問を理解し、さらには新たな疑問も投げかけるかもしれない。

＊＊＊

パリでダヴィド・コーエンに会ったとき、一五歳のコタール症候群患者メイについて疑問に思っていたことをたずねた。「彼女は自分が存在しないと言ってますが、そう思っているのはいったい誰なんですか？」

「それが精神医学の謎です。現実世界とつながることのできる何か……どんなにいかれた状態であっても、何かが存在しているはずなんです」

リエージュでは、大学の博士課程に在籍するアシーナ・デマーツィとも話をした。彼女はスティーヴン・ローレイズのもとで研究助手を務めている。デマーツィが話してくれたグレアムの逸話を聞いて、私は思った——グレアムは脳が死んだという幻想に支配されているが、本質は変わっていないのではないか。

スキャン装置から出てきたグレアムに、デマーツィは「だいじょうぶ？」と声をかけたのだという。

「だいじょうぶだ」

「元気はつらつ？」

「ピチピチしてるよ」

絶妙な返しだ。

驚くほど強靭でありながら、危ういまでにもろいのが自己というやつだ。そんな矛盾を抱えた「自己」の存在を、この本でいくらかでも実感してもらえたらと思う。

第2章

私のストーリーが消えていく

ほどける記憶、人格、ナラティブ

記憶は想像を超えた謎と謎をつなげながら、神聖なる手腕で不可能なことをやってのける。過去と現在——その両方を凝視しながらひとつにまとめ、過去と現在の両方に存在する……そうやって人生に連続性と尊厳を与えるのだ。私たちは記憶のおかげで家族や友だちとつながる。だから家庭というものが成りたつのだろう。

ラルフ・ウォルド・エマソン[*01]

すべての瞬間は、雨に打たれた涙のように時間にまぎれていく。

映画「ブレードランナー」でレプリカントのロイ・バッティが発した言葉

アランとミケルと私は、カリフォルニアにある二人の自宅の居間にいた。背もたれの高い、茶色い革のソファに悠然とおさまっているアランは、頭髪こそ薄いものの、口ひげもあごひげも真っ白、眉毛だけ黒々としている。ぱっと見ただけでは、少しもおかしいところはない。隣の椅子にはミケルが座っていた。私はアランに、兄弟姉妹はおられますかと質問した。アランはいないと答えたものの、すぐに言いなおした。「いや、頭のおかしい弟がひとりいた」

「知恵遅れよ」ミケルが静かに訂正する。

「そうだ」アランも同意した。「四歳になるまで知恵遅れだとわからなかった。そのとき私は一八歳。私もよくわかってなかった」

「弟が四歳なら、あなたは一〇歳だったはずよ」ミケルが言った。

「そうだな」アランが答える。

「弟さんのことはよく覚えてますか？」私は問いかけた。

「かわいそうな子だった。話すことはおろか、何もできないんだ。散歩に連れていったりしたけど、一言も話さなかった」

アランはちょっと間をおいて、こう付けくわえた。「まだ生きているのかどうかも知らないんだ」

「もう死んでるわ」ミケルが言った。「私たちが知りあった年に亡くなったのよ」

アランとミケルが出会ったのは三〇年ほど前のこと。当時アランはコミュニティカレッジの哲学教授だった。ミケルは助産師として働いたあと、四〇歳で人生の転機を迎えて学校で学びなおしているところだった。

「死んだときのことを覚えてる？」

「寝ているときに死んだとか、そういうんじゃなかったかな」ミケルの問いに、アランはそう答えた。

だが実際は、血栓ができて入院中に、上階の窓から転落して死んだのだった。弟の知的能力を考えると、飛びおりる意思があったとは思えない。病室が一階にあると思いこみ、家に帰ろうとして窓から出たのだろう――当時アランはミケルにそう話していたという。

私たちの会話のなかで、アランも思いだしたようだ。「ああ、そのことは忘れたかったのに……窓から落ちた……」アランは口ごもり、言葉は宙をさまよった。

「病院側はどんな説明をしたの？」ミケルはたずねた。

「あまりに悲しかったし、まだ若かったから理解できなかった」

弟が死んだときアランは五〇歳だったとミケルが教えてくれた。

＊＊＊

一九九五年一二月二一日、ドイツで九〇年近く行方不明だった青いボール紙のファイルが発見された。ファイルの中身は、フランクフルト在住の五一歳の女性、アウグステ・Dの症例報告だった。

一九〇一年一一月二六日の日付が入った手書きのメモには、アウグステとアロイジウス・アルツハイマー医師のやりとりが記されていた[*02]。その内容は一九九七年の医学専門誌『ランセット』に掲載されている。

彼女はよるべない表情でベッドに腰かけている。名前は？　アウグステ。姓は？　アウグステ。ご主人の名前は？　アウグステ、だと思います。いや、ご主人ですよ。ああ、主人ですか。質問が理解できていないように見える。ご結婚はされていますか？　はい、アウグステと。D夫人なのでは？　ええ、そうです。アウグステ・Dです。ここに来てどのくらいになりますか？　彼女は思いだそうと努力していた。三週間になります。鉛筆を見せて、これは何かと質問する。万年筆です。財布と鍵、日記帳、葉巻は正確に答えた。昼食に彼女はカリフラワーと豚肉を食べた。何を食べているのかと質問すると、ほうれんそうと答える。肉を噛んでいるときに、何をしているのかたずねたら、じゃがいもとホースラディッシュと答えた。物を見せられても、しばらくすると何を見たか忘れている。合間に話すことは双子のことばかりだ[*03]。

三日後、アルツハイマーはこう記録している。

あなたが住んでいる通りの名前は？　わかりますよ、ちょっと待ったら出てきます。私は何を質問しましたかね？　ああ、はい、フランクフルト・アム・マインです。住んでいる通りの名前は？　ヴァルデマール通りです、いいえ、そうじゃないわ……結婚したのはいつですか？　いまはわからないわ。その女性は同じ階に住んでいるの。え、どの女性？私たちと同じところに住んでいる人よ。患者はG夫人と呼ぶ。G夫人は、一歩奥に入ったところに住んでいるんです……鍵、鉛筆、本を見せると、すべて正確に答える。さっき何を見せたか覚えていますか？　わかりませんわかりません。難しいですか？　すごく不安でたまらない。指を三本立てて、何本か問う。三本です。まだ不安ですか？　はい。さっき私は指を何本立てましたか？　はい、ここはフランクフルト・アム・マインです[*04]。

アウグステは一九〇六年四月八日に死去した。このときアルツハイマーはミュンヘンの王立精神病院に転勤していたため、アウグステの脳もそこに送られた。彼は「脳組織を薄く切りだし、銀塩で染色[*05]」して、スライドガラスに固定する。そして「いつもくわえていた葉巻を置き、鼻眼鏡をはずすと、ツァイス製の最新型顕微鏡をのぞきこんだ。拡大された組織画像から、アルツハイマーはついに彼女の病気を発見した[*06]」。

夏が過ぎ、秋も深まった一一月四日、テュービンゲンで第三七回南西ドイツ精神医学会議が開かれた。ここでアルツハイマーは、アウグステには「進行性認知障害、巣《そう》症状、幻覚、妄想、心理社会的機能不全」が見られ、大脳皮質の細胞に奇妙な異常が確認されたと報告した[＊07]。

翌一九〇七年、アルツハイマーは「大脳皮質の特徴的重大疾患」と題した論文を発表して、アウグステの脳に見られた異常を詳述した[＊08]。ひとつは神経細胞内の異常だ。「ほぼ正常な神経細胞の中心部に、特徴的な太さがあり、奇妙に固まった一本ないし複数の線維が認められる[＊09]」さらにアルツハイマーは、神経細胞間に未知の物質が結集した「粟状病巣《あわ》」も確認した[＊10]。

それは新しい種類の認知症だった。一九一〇年、王立精神病院のエミール・クレペリン院長はこの病気をアルツハイマー病と命名する。「アルツハイマー病の臨床的解釈はまだ確定していない。解剖で得られた知見から、深刻な老年性認知症であることが示唆されるが、早くは四〇代後半から発症することもある[＊11]」

アルツハイマーがアウグステ・Dの脳で見つけた二つの病変は、現在はそれぞれ神経原線維変化、アミロイドβタンパク質沈着と呼ばれる。どちらが先に始まるのか、また前駆症状があるのかについては、神経科学者のあいだでまだ議論が続いているが、病状の容赦ない進行に異常なタンパク質が関わっていることは明らかだ。

＊＊＊

ミケルは一九八〇年代はじめ、カリフォルニア州で医療資格のない民間助産師として働いていた。

しだいに法規制が厳しくなってきたので、ミケルは看護学校に入りなおすことにした。そこで受講したのが、五〇歳の名物教授アランが担当する哲学のクラスだった。アランは髪もひげも白く、べっこう製の大きな眼鏡をかけ、革のジャケット姿でふらりと教室にやってきては、哲学や政治を芝居がかった調子で論じる。「政治は独裁者や強欲な政治家ではなく、ルーマニアのジプシーとかバレエダンサーにやらせればいい」そんな持論を展開するアランに、ミケルは夢中になった。

やがて彼らは二人で会うようになる（「ドアに手紙を貼りつけてやりとりしたり、授業のあとこっそりデートしたの」とミケルは振りかえる）。このときアランは離婚に向けて準備中で、酒ばかり飲んでいた。ミケルも不毛な結婚生活に苦しんでいて、看護学校に入学するころには夫婦関係は破綻していた。二人とも子どもがいたが、それでも恋にのめりこむ勢いは止められなかった。

二人が出会ったとき、ミケルが彼に夢中になったという話を出してみた。「いや、二人とも同じくらいおたがいに夢中だった」そう答えるアランの話しぶりは、驚くほど明快で自信にあふれていた。「何というか、ほら、いろんなものが風にくるくる巻きあげられる……」竜巻、ですか。私が助け舟を出す。「そう、竜巻」アランはうなずいた。

二人はいっしょに住む家を買い（私が訪ねた家だ）、結婚した。ヨーロッパを中心にたくさん旅行をして、第二の人生を切りひらいていった。ミケルがいまも覚えているのは、二人の結婚式で息子のひとりが乾杯のときに話した言葉だ。「母さんとアランはずっと世間を敵にまわしてきた……でも二人はやりとげた……困難を乗りこえて、自分たちの人生をつくりだしたんだ」

アランの性格や人柄から、その後に降りかかる運命を予測することはできなかった。「まったく想像もしていませんでした。アランが認知症になるなんて」ミケルは語る。

最初の徴候は二〇〇三年春、週末旅行に出かけたときに現われた。カリフォルニア州北部を流れるイール川をさかのぼり、ガーバーヴィルという町にあるベンボウ・ヒストリック・インに宿泊した。月曜に自宅に戻ると、留守番電話がカレッジの秘書や学生からのメッセージであふれかえっている。期末試験の予定をすっかり忘れていたのだ。アランの記憶に重大な変化が起きていた。

その年の九月、二人は休暇でヨーロッパを旅した。このときミケルは、アランが新しい状況にまったく対応できなくなっていることに気づいた。フランスの田舎道を走っていてもすぐに道に迷ってしまう。映画のDVDレンタル機にキャッシュカードを入れようとする。スーツケースに荷物をまとめることもできなかった。

カリフォルニアの自宅に戻ると、認知症の症状がさらに出てきた。近所に住んでいる娘を訪ねようとするが、道順がわからない。それだけではなかった。「ブレーカーを落とさないまま、ジェットバスの掃除をしていたんです。感電の危険があるから、ぜったいやっちゃいけないのに」とミケルは回想する。「ガレージに行ってブレーカーを落とすように言ったら、ぜんぜんちがう方向に歩きだしました」

一年後、アランは神経科医の診察を受けた。認知症の診断テストでは、成績が悪いものもあった。たとえば100引く7に始まって、7の引き算を繰りかえす計算テストは、認知機能の衰えを調べるもので、高い集中力が求められる。それでも総合的に高い評価になったのは、もとの知能が高いからだろうと神経科医は言った。MRI検査では、脳血管に小さな閉塞がいくつか見つかった。診断は、初期の脳血管性認知症だった。脳の血流がとどこおったことで起きる認知機能の低下だ。しかし数年後、診断はアルツハイマー病に変わった。

アランは人格にも変化が起きていた。恋人時代はもちろん、結婚してからも、アランはずっと親切でやさしい男だった。夫婦げんかももちろんあったが、話しあいをすればたちまち仲なおりできた。「泰然とした人でした」とミケルは言う。

だがアルツハイマー病になると一変した。ささいな行きちがいで、アランは激昂して部屋を飛びだし、ドアをたたきつけるように閉める。そして車にこもって泣くのだ。アランは昔からメモ魔だったが、その習慣が彼の人格変質をうかがう貴重な資料にもなった。ミケルが何か用事を頼むと、「クソババア五回目のガミガミ」といった悪口をメモする。「クソババア、クソババア、クソババア……」と書きつらねることもあった。

メモからは認知症になった苦悩も読みとれた。「このいまいましい穴ぐらから私を出してくれ」というメモもあったとミケルは話す。アランは認知症に関する本を読みあさった。終末期患者が自ら死を選ぶ方法を解説した『安楽死の方法《ファイナル・エグジット》』（田口俊樹訳、徳間書店、一九九二年）という本は、ベッド近くのテーブルにいつも置いてあった。

アランはミケルにこう話していたという。「紙オムツを当てられるのはごめんだ。老人ホームにも入りたくない。いよいよとなったら、港に連れていって、桟橋から突きおとしてくれ」

もちろん、そんなことができるはずもない。ミケルは答えた。「だめよ、アラン。私が殺人で刑務所に入れられてしまう。どうしてもというのならしかたないけど、全部自分で手配してちょうだい。反対はしない。でも手助けもしないわ。少なくとも私が手を下すなんてぜったいにできないから」

アランの場合、理解力の高さと哲学者らしい知性が諸刃の剣となった。「鋭利な頭脳、高い知性を誇ってきた人にとって、それが失われることはさぞや恐怖だったでしょう」とミケルは同情する。

＊＊＊

「アルツハイマー病は、自分が誰なのかを奪う病気です。これまでの人生でたくさんの記憶を積みあげ、多様な価値観を築いてきた。居場所や愛する家族を持ち、社会に役だってきたのに、病気が入りこんできて、そのつながりが一日一日引きはがされ、自分という人間を形づくる縫い目が破れていく。これほどの恐怖はあるでしょうか[*12]」熱のこもった調子で語るのは、ハーヴァード大学の神経学教授ルドルフ・タンジ。アメリカの公共放送ネットワークＰＢＳで放送されたドキュメンタリー番組「忘却――アルツハイマー病のすべて」のひとコマだ。

ミケルのように介護側に立った人の話を聞くと、アルツハイマー病は人間の核心部分を破壊すると思わざるをえない。少なくとも外から見るとそんな印象を受ける。

「とてもつらい経験です。子どものころからそばにいた人が、目の前から消えていくのですから」

クレアはそう話す。ノルウェー系で六〇歳になる彼女は、いまカリフォルニア州に住んでいる[*13]。九〇歳になる父親はアルツハイマー病が進行し、生活支援施設に入った。クレアと母親は頻繁に面会に行く。「外見はふつうですが、目がうつろなんです」クレアの声はささやくように小さくなった。「ほんとうにからっぽなの」

アルツハイマー病に関する医学文献をひもとけば、クレアの印象を裏づける記述がたくさん見つかる[*14]。「自己性のたえまない侵食」、自己の「溶解」、「非存在の境界へと押しやられる」、そして、「自己の完全な消失」。

ただし、社会科学系の研究者を中心に異論を唱える者もいる。アルツハイマー病は自己性(selfhood)を侵食するというが、完全に侵食したらあとは何も残らないのか。アルツハイマー病で認知能力が破壊され、自分の面倒が見られなくなることは知られている。日付や時間が思いだせず、家族の顔もわからない。さらにはひとりでズボンをはいたり、歯を磨いたりもできなくなる。ただそれでも感覚機能や運動機能は維持されているのだから、自己は何かしら残っているのでは？

これらの疑問に答えを見つけるには、まず哲学者、科学者、社会科学者が自己をどうとらえているか確かめる必要がある。自己を構成する中心的な要素がナラティブであることはまちがいない。ナラティブとは、自分がどういう人間かを他者や自分自身に語るストーリーのこと。それを支えるのが「覚えていること」と「想像すること」だ。心理学者ドナルド・ポーキングホーンはこう書いている。「ひとりひとりが、人生の多様なできごとをつなぎあわせ、それらしくまとめあげて、私的かつ個人的なストーリーを構築する。自己についてのこのストーリーの集まりが、個人のアイデンティティと自己理解の土台となり、『私は誰?』という問いへの答えとなる[*15]」

自分のナラティブが自己の一部であるというのは納得できる。では自己はナラティブだけで構成されているのか、それともナラティブが形成される前から他の要素が存在していたりするのか。ナラティブがそのまま自己をつくっていると主張する哲学者もいる——つまりナラティブをとったら何も残らないということだ。「自己とは緊密にからみあったナラティブの集合に過ぎない。過去に語ってきて、現在も語る数々のストーリーで構成され、そこから徐々に広がってきた創発的存在なのである[*16]」

ナラティブがすなわち自己性であるならば、ナラティブ構築という認知行動が自己の中心に据えられることになる。しかしアルツハイマー病は、この説の少なくとも二つの点に疑問を投げかける。ひとつは、認知——およびナラティブ創造における認知の役割——が自己の中心にあるという点。トロント大学のピア・コントスは、認知症患者を一〇年以上観察してきた経験から異議を唱える。『私は誰』の一部をつくっているものが、認知とは切りはなされ、独立したところに存在する」とコントスは私に語った。

その主張が論争を招くことはコントスも承知している。「西洋的な自己性のとらえかたに挑戦する視点だからです。［自己性の理解の］中心にあるのは、合理性、独立、制御です。それは元をたどれば、［デカルトが唱えた］身体と精神の分離でしょう。それもたんなる分離ではなく、身体は無価値と決めつけるきわめて特殊な二元論です。身体はからっぽの入れ物であり、自己感覚や自己主体感、意図性といったものすべては精神に帰するというわけです」自我、主体性、さらには記憶をめぐる議論に、身体の話題をもっと入れてもよいとコントスは考える。

たとえ自己性がナラティブであるとしても、ナラティブが認知の枠だけにおさまるはずがない。身体にだって言いたいことがある。

アルツハイマー病は、自己性すなわちナラティブという主張に別の角度からも揺さぶりをかける。それは、自己はナラティブのみで構成され、それ以外のものはないと考えることで、自己が最も正しく理解できるという立場だ。アルツハイマー病は、一貫したストーリーを保持し、語る能力を失わせる。つまりナラティブ・セルフが崩壊するわけだが、そのあとに何が残るのか。コペンハーゲン大学の哲学者ダン・ザハヴィは次のように書いている。「残存する経験は、所有者のいない名無しのエピソードに過ぎないから、〈主体〉は痛みも不快も自分のものとして感じないのか。いや、そうと決まったわけではない［*17］」ナラティブ・セルフがなくなったあとを理解すれば、自己をつくりだす脳のプロセスも明らかになるかもしれない。

たとえばザハヴィは、完全なナラティブに成長する前の自己は極小で、瞬間的に経験の主体になれる程度だと考える。

アルツハイマー病は精神機能を荒廃させる残酷な病気だが、それゆえに微妙な差異をすくいとりながら、重層的に自己を探究する貴重な材料となる。そこから新しい自己像が描きだせれば、アルツハイマー病の末期状態を理解し、介護方法を考える手がかりも得られるにちがいない。

＊＊＊

クレアの父親はアルツハイマー病の診断を受けたとき、地元の警察署を訪れて、所有していた拳銃を警官に渡した――カリフォルニア州サクラメントから北に車で一時間の小さな町なので、警察署も歩いて行けるのだ。父親は「拳銃を処分したよ。そのうち自分に使いそうだったから」とクレアに話した。経営していた農場も管理が手に負えなくなったので、売却して小さな家に移った。

クレアの両親は、クレアが四歳のときヨーロッパからアメリカに移住した。科学者だった父親は大企業に勤めていたが、大成功をおさめて早期退職し、クレアの母親の夢だった農場を購入した。そして農家や牧場主たちと交流するような、それまでと別世界の生活に入った。クレアが父親の異常に気づいたのは、農場を訪ねたときだった。バーベキューをすることになったのだが、父親がクレアを見て「やりかたがわからない」と言ったのだ。クレアは冗談だと思った。バーベキューはいつも父親の担当だったからだ。

「もう、やめてよ。よく知ってるくせに」

「いや、クレア。ちがうんだ。何か変なんだ」

話していても、同じ違和感を覚えることがあると父親は打ちあけた。

頭に浮かんだことを的確に表現する言葉がなかなか出てこないというのだ（アランが「竜巻」を思いだせなかったように）。それが父にとってどれほどつらいことか、クレアには痛いほどわかった。

「父親の老いに直面した人、とりわけ父親がアルツハイマー病にかかった人はみんな同じことを言うでしょう。ほんとうにそのとおりだと思います。父はずばぬけた知性の持ち主でした。七か国語を自由自在に操っていたので、言葉を見つけるなんてお手のものだったはずです。それが消えていくのですから、どんなに不安だったでしょう」

その不安はますます大きくなった。父親がもう元に戻らないという現実を突きつけられた、決定的な瞬間がある。それは彼が大好きなセーリングをしているときだった。父親はセーリングの技術も一流で、星を頼りに夜間航行ができた。大型ヨットをチャーターして友人たちを乗せ、五大湖をめぐったり、カリブ海クルーズに出かけたりしていた。一九八〇年代に、サン・バルテルミー島沖を航海していて、激しい暴風雨に見舞われたことがある（このときのメンバーはアルゼンチン人二名を含む「ちょっと変わった」顔ぶれで、全員がセーリング技術の持ち主だった。クレアは唯一の女性だったという）。クレアはただちに退避したほうがいいと考えたが、船長を務める父親は首をたてに振らなかった。付属の救命ボートが風と波に激しくあおられ、水をためこんでいるため思うように進まない。救命ボートを切りはなすべきだと誰もが思ったが、クレアの父親は拒否した。父親はヨットの状態に神経をとがらせ、停泊して全員が就寝したあとも、錨《いかり》がしっかり海底にかかっていないことを気にしていた。そして真夜中に何度もクレアを起こしては、錨を揚げてはおろすことを繰りかえし、みごと嵐をやりすごした。

それから一〇年以上たって、クレアは父親とセーリングに出ることにした。このときにはもう、父親がふつうでないことははっきりしていたので、クレアのいとこが船長を、クレアが一等航海士を務めることになった。父親は乗組員のひとりにすぎない。「ヨットの扱いも、セーリングにも精通している父ですが、怒ったり傷ついたりすることもなく、責任のない立場に満足していました」とクレアは振りかえる。それでも病気を匂わせる場面はあった。クレアといとこが難しい操作をしている最中に、父親が急に立ちあがり、帆桁《ほげた》にぶつかりそうになったのだ。クレアは座るよう大声で注意しなくてはならなかった。それでも安定航行に入ったところで舵を握らせると、父親は方角をきちんと保つことができたし、必要に応じて帆を調節することもできた。

ところがとつぜん、父親は何の前ぶれもなく「今日は何日だ？　今日は何日だ？」と言いだした。それから数年後（すでにアルツハイマー病の診断はおりていた）、クレアは父親と海岸ぞいの小さな町を歩いていた。中心部を抜けたあたりの教会でバザーをやっており、ヨットの模型が飾られていた。父親は模型を手にとった。「そしてじっと眺めていました。興味がそそられているのですが、それがなぜなのか自分ではわからないのです。本人がそう言ったわけではありませんが、全体の様子でわかりました。顔の表情も、たしかに模型を見ているのですが、理解しているわけではなさそうでした」かつて一流の腕前を誇ったヨット乗りが、ヨットを忘れてしまったのだ。

クレアはそのとき悟った。父の病気が進行し、短期記憶の障害だけではすまなくなったと。

＊＊＊

記憶と脳の働きについて私たちが知っていることの多くは、ひとりの男性の研究から得られたものだ。彼は二七歳のときから、良くも悪くも「瞬間」にしか生きられなくなった。心理学や神経科学の教科書にはH・Mと紹介されているが、本名はヘンリー・G・モレゾン、一九二六年生まれである。一〇歳のときからてんかん発作を起こすようになった。その数年前に頭部に軽傷を負ったことが原因とされているが、父方のいとこにてんかん患者が複数いたことを考えると、遺伝的素因の可能性もある[＊18]。発作はしだいに重くなり、抗てんかん薬も効果がなかった。高校卒業後はタイプライター工場に就職したもののほとんど仕事にならなかった。一九五三年、二七歳のときにヘンリーはついに危険な実験的手術に踏みきる。コネティカット州にあるハートフォード病院の神経外科医、ウィリアム・ビーチャー・スコヴィルの提案によるものだった。

手術では、眼窩《がんか》のすぐ上にドリルで二個穴を開け、スパチュラと呼ばれるへら状の器具をそこから差しこんで前頭葉と側頭葉の境目を押しあけた。そして内側側頭葉にある扁桃と海馬の相当部分が切除された。この手術によって、ヘンリーは医学界の伝説的な人物H・Mとなった。

H・Mは術後も薬の服用を続けた。てんかんの大発作は回数が劇的に減り（週一回から年一回）、程度も軽くなった。だがそれ以上に興味ぶかい変化があった。それは記憶だ。彼は医師や看護師の顔を忘れ、トイレの行きかたがわからなくなった。手術のために入院していたあいだのことも、何ひとつ思いだせなくなっていたのだ[*19]。一九五七年、スコヴィルとモントリオール神経学研究所の心理学者ブレンダ・ミルナーは、H・Mの心理学的検査の結果を論文にまとめた。「検査は一九五五年四月二六日に実施された。記憶障害は一目瞭然だった。患者は今日は一九五三年三月であり、自分の年齢は二七歳だと述べた。診察室に入る前にカール・プリブラム医師と話をしていたにもかかわらず、その記憶が皆無で、誰にも話しかけられなかったと言った。会話には少年時代のできごとが頻繁に登場し、自分が手術を受けたことも理解できていないようだった[*20]」

H・Mは新しい記憶のない人生を送ることになった（前向性健忘という）。思いだせる過去の記憶も限定的だった。ミルナーはH・Mの研究を続け、その後は後進のスザンヌ・コーキンにバトンを渡した。一九八四年、コーキンはこう書いている。

H・Mの特筆すべき点は、術後三一年間ものあいだ症状が安定していることだ。重い前向性健忘は変わっておらず、自分がいまどこに住んでいるのか、誰に世話をしてもらっているのか、直前の食事に何を食べたか覚えていない。今年は何年かを答えるときは、最大で四三年のずれがある。落ちついて計算すれば別だが、適当に年齢を言うと、一〇歳から二六歳は若くなる。一九六六年に撮った四〇歳の誕生日の写真を見ても自分だとわからなかった。一九八二年のことだった。それでも彼の頭のなかには、思いだせることが島のように点々と浮かんでいる。宇宙飛行士は宇宙を旅する人だと知っているし、ケネディという偉い人が暗殺されたことや、ロックが「新しい種類の音楽」であることも知っている[*21]。

H・Mを見ていると、私たちが持つ記憶には何種類かあることがわかる。H・Mには手術後も完全に残っている記憶もあれば、消えてしまった記憶もあった。たとえば短期作業記憶は健在で、いくつもの数字を数十秒間覚えておくことはできた。損なわれたのは一部の長期記憶だ。長期記憶のなかでも、意味記憶——一般的な事実や概念の記憶だ——は、手術前に経験したことにかぎっては無事だった。場所や時間と結びついている具体的な経験の記憶、つまりエピソード記憶は、手術前のことでも消えてしまった。意味記憶とエピソード記憶は、まとめて宣言記憶あるいは顕在記憶と呼ばれ、意識して情報をとりにいく必要がある。H・Mの前向性健忘は徹底していたため、術後に起きたことに関する宣言記憶はまったくつくられなかった（ただし術後に引っ越して、一九五八年から一九七四年まで住んだ家の間取りだけは、なぜか覚えることができた。実際にその空間で日常生活を送り、動きまわっていたことも手伝って、知識が少しずつ蓄積されて記憶ができあがったのだろう——自己が形成されるとき、脳と身体が足並みをそろえていることがうかがえる興味ぶかい証拠だ）。

長期記憶にはもうひとつ、手続き記憶とか潜在記憶と呼ばれるものがある。こちらは意識的に情報にアクセスする必要がない。自転車の乗りかたがその代表例で、私たちは無意識にその記憶を呼びだしてペダルをこいでいる。

このように記憶にはいろんな種類がある。種類ごとに脳の特定の領域が関わっていることがわかったのは、一九六二年にミルナーが発表したH・Mの研究結果からだった。この研究で、H・Mは二重線で描かれた星の図形を鏡で見ながらなぞる課題を与えられた。H・Mは三日間で驚くほど上手に図形をなぞれるようになったが、前日や前々日にその課題をこなしたことはまったく覚えていなかった。手続き記憶が手術の影響を受けていなかったことは明らかだ。

だが疑問は残る。手術で切除されたのは、正確には脳のどの器官だったのか。手術後にスコヴィルが書いた一連の論文は、当時としては説明が行きとどいていたが、それでも明確に特定はできない。一九九〇年代と二〇〇〇年代にはH・Mの脳スキャンも実施されているが、開頭しない非侵襲の手段ではやはり限界があり、切除された領域を見きわめることはできなかった。判明したのはH・Mの死後だ。

二〇〇八年一二月二日、H・Mは死去した。遺体はマサチューセッツ州チャールズタウンにあるマサチューセッツ総合病院に運ばれた。そこで九時間かけて頭部のMRIスキャン画像をとったあと、頭蓋から慎重に脳をとりだした。画像データから作成された脳の高精細3Dモデルによって、コンピューター上で詳細な分析ができるようになった。新しい画像でわかったことは、過去のMRI検査結果とほぼ一致している。まず、スコヴィルが完全摘出したつもりの左右の海馬は、うしろ半分がそっくり残っていた[*22]。そのかわり、海馬と新皮質（哺乳動物にしかない）の連絡役である内嗅皮質が切除されていた。アルツハイマー病は、この内嗅皮質にまず発症して広がっていく。「皮質領域のなかで、アルツハイマー病による損傷が最も激しい場所」と書いている文献もある[*23]。「忘れえぬ健忘症患者[*24]」と呼ばれたH・Mは、科学に不朽の足跡を残した。手術によって重い前向性健忘になった彼に、自己感覚があると言えるのか。科学者のあいだで議論が巻きおこる。それは今日のアルツハイマー病患者にも当てはまる問題だ。

＊＊＊

自己感覚と聞いてまず思いうかぶのは、自分という人間を描くさまざまなストーリーだろう。自分のことを誰かに（自分自身のこともある）語ろうとすると、自分がどういう人間かを説明するエピソード記憶のアルバムを開く必要がある。それがナラティブ・セルフだ（ナラティブ・セルフの一部は認知にとどまらず、体現もされているとピア・コントスは強調する）。ナラティブとは、つながりあった一連のエピソードのことだ。私たち人間は、そうしたストーリーを未来に投影することもできる。つまりナラティブ・セルフは覚えている過去であると同時に、想像する未来でもあるのだ。未来のシナリオを書くとき、過去を思いだすのと同じ脳内ネットワークが使われていることは、ここ一〇年に多くの研究で確かめられている[*25]。

たとえばクレアの父親のようなヨット操縦の名手は、去年の航海を思いだすときと、数年後に計画している航海を想像するときに同じ脳内ネットワークを使う。このネットワークを構成する領域には、海馬や内嗅皮質を含む内側側頭葉も入っている。ここはアルツハイマー病で最初に影響を受けるところ、つまり病気の最初の足がかりでもある。アルツハイマー病の破壊の行進はここから始まり、最終的には一貫性のあるナラティブ・セルフを構築する能力を奪っていく。

ときにはナラティブ・セルフの崩壊が、疾病失認として現われることもある――自分がアルツハイマー病であることを認められない状態だ。疾病失認（anosognosia）はギリシャ語で知識の欠如を意味する *agnosia* と、病気を意味する *nosos* を結合させた言葉だ。一九一四年、フランスの医学者ジョゼフ・ババンスキーが、左半身麻痺の患者に見られる奇妙な行動を表現するために考えだした。その論文のなかでババンスキーはこう書いている。「私が観察する機会に恵まれたある精神障害について報告したい……患者は自らの麻痺に気づいていない、あるいは麻痺の存在を無視しているように見えるのである[*26]」患者たちは麻痺を否定したり、気づかなかったりするだけでなく、それを合理化する行動まで見せた。ある女性患者は、「右腕を動かすよう言われたら、すぐに従った。しかし左腕を動かすよう指示されると、まるで自分以外の誰かのことだとばかりに、黙りこくって身じろぎひとつしなかった[*27]」。疾病失認の極端なものがアントン症候群だ。神経科学者ガブリエル・アントン（一八五八～一九三三）にちなんでこう呼ばれており、後頭葉損傷で視覚を失っているのに、目が見えないことを否定する。

アルツハイマー病における疾病失認は、無自覚な軽いものから強い否定まで程度はいろいろだ。ローレンス・バークレー国立研究所の神経科学者で、アルツハイマー病の権威であるウィリアム・ジャガストは、実際に患者に接してあらゆる反応を経験したという。

「夫や妻に連れられて受診するのですが、患者は『自分は正常だ。おまえの頭がおかしい』と言いはって派手なけんかになったり……でも患者が無自覚で、病気に気づいていないことがいちばん多い」ジャガストは私にそう話してくれた。患者自身と家族に病名を告げ、病気について懇切丁寧に説明しても、患者はすぐに忘れてしまう。それがこの病気の特徴だ。「アルツハイマー病の診断が下り、車の運転はもう無理なのに、本人は運転したがります。アルツハイマー病だと言われたでしょうと家族が諭しても、『そんなことは言われてない！』と聞く耳を持たないのです」

アランも運転をやめることを渋った。アルツハイマー病の正式な診断が出る前から、高速道路を走っていてパニック発作に襲われるようになった。そこで市内の一般道だけ運転していたが、それでも妻のミケルは心配でしかたなかった。アランの車にへこみができていたことがある。ほかの車に横から当てられたようだ。アランは向こうが悪いと言いはっていたが、ミケルはアランの不注意だと思った。フェンダーをこすったときは、スプレー塗料で偽装を試みるありさまだった。

アランの通う診療所のソーシャルワーカーは、事故を起こせば裁判で負けるとミケルに警告した（このときはもう診断が出ていた）。アランの主治医から通告を受けた地元の自動車管理局から、運転免許の筆記と実技の試験をやりなおすよう指示された。「そこで彼は試験に落ちてしまったんです。

信じられなかった」結局アランの車は盗難にあい、大破してしまった。ミケルは内心ほっとしたが、アランにはこたえたようだ。「彼はとても悲しんで、愛車との別れを惜しむ詩をつくりました。黄色い紙に、自分にとって車はとても重要なものだった、自由に動ける手段を失うことは悲劇で、もう自分は一人前の人間ではないとつづられていました。自分という感覚が侵食されていくのを見ているようでした」

アランのようなアルツハイマー病の疾病失認は、半身麻痺患者の強い否定にくらべれば軽い。それでも疾病失認の背景にある神経メカニズムと、自己感覚との関係を理解するうえで大いに役に立つ。そのメカニズムを探っているのが、オクスフォード大学の神経学者ジョヴァンナ・ザンボーニだ。疾病失認のあるアルツハイマー病患者が、親しい友人、介護者、親族の特徴を、自分自身の特徴よりはるかに正確に判断できることをザンボーニは発見した。そのときの患者の脳をｆＭＲＩ（機能的磁気共鳴画像）スキャンで観察すると、自分自身を評価するときだけ、内側前頭前皮質と左前側頭葉の活動が落ちていた（正常な対照群や軽い認知障害の患者では、こうした差異は見られなかった）[*28]。

一連の実験からわかるのは、アルツハイマー病の疾病失認はたんなる記憶力の問題ではないということだ——自己そのものも大きく関わっている。「他者ではなく自分に関する情報だけが更新できなくなるのです」とザンボーニは私に言った。

キングズ・カレッジ・ロンドンの精神医学研究所に所属する神経心理学者ロビン・モリスも、ザンボーニの考えに同調する。アルツハイマー病の疾病失認は、診断を覚えていないのはもちろんだが、それ以上の問題に根ざしているというのだ。自分自身に関する知識――自己表象システム――に関係する意味記憶は、特別な形式を持っているとモリスは主張する。それは言ってみれば「個人データベース」であり、一般的な事実や対象物に関する意味記憶とは一線を画している。「自己表象にだけは特別な何かがあるんです」ロンドンにある研究室でモリスは言った。アルツハイマー病になると、「新しく入ってきた情報を自己表象に統合できなくなる」というのが彼の仮説だ。

モリスによると、自己表象はもともとエピソード記憶だが、何らかの変化で意味記憶になったのだという――「意味化した」エピソード記憶ということか。自分自身に関するエピソード記憶が他のエピソード記憶とは別に、意味化された形で取りこまれ、保存されていることはH・Mの研究でも裏づけられている。スザンヌ・コーキンが「お母さんの懐かしい思い出は何ですか？」とたずねたところ、H・Mは「いや、彼女は母親というだけですから」と答えた[*29]。子ども時代の記憶は残っていたにもかかわらず、「母親や父親に関するエピソード記憶を供給できなかった――特定の時間や場所と結びついたできごとをひとつとして語れなかった」のである。それでもH・Mは、手術前までの自己感覚はある程度持っていた。

自己表象システムが正しく機能していれば、エピソード記憶は次々と意味記憶へと変換され、「私はこんな人間だ」の中身になっていく。しかしアルツハイマー病になると、そのプロセスが阻害されるようだ。自己表象の継続的な更新ができていないことは、疾病失認があり、さらにはナラティブ・セルフが変質していることからもわかる。ナラティブの形成が減速し、果ては停止してしまうのだ。そうなると記憶の深層をかきわけて、ナラティブの基本路線が固まったとき、言いかえれば揺るぎないアイデンティティが創出されたときまでさかのぼるしかない。時間を行きつ戻りつしながら、アイデンティティを思いだしたり、つくりだしたりすること——哲学者は想起意識と呼んだりする——は、認知機能のなかでいちばん最後に成熟するところだが、アルツハイマー病になると最初に壊れてしまうのは運命の皮肉としか言いようがない。

＊＊＊

私が会って話をしたときのアランは、意外にも心ここにあらずといった状態ではなく、魅力的な人柄を見せていた。ミケルもうれしそうだ——ふだんのアランは気難しく、とっつきにくいのだが、一日のうち午後の早い時間だけは意識の小さな窓が開くのだという。

「病気のことで、今後気がかりなことはありますか？」私はアランにたずねた。

「いや、先のことはもうあきらめたよ。もう七〇歳、七一歳だしね」アランは言った（正確にはこのとき八一歳だった。七〇歳は診断を受けたときの年齢だ）。「いい人生だったよ。それほど悪いことにならずにすんだ。厄介な問題を解決して、子どもが二人生まれて、いまは孫も二人いる。これで充分だ。空軍にいたときに世界を見てきたし」空軍兵士としてドイツに駐留したとき、第二次世界大戦の激しい破壊の爪痕を目の当たりにしたのだ。なかでもダッハウ強制収容所を訪れたのは衝撃的な経験だったという。独裁者や強欲な政治家ではなく、ジプシーとバレエダンサーが政治をやれば世界はもっと良くなるという持論も、そこから始まった。ジプシーとバレエダンサーというのは、「富を持たず、芸術を愛してやまない人間」を彼一流の表現で言いかえているのだとミケルが解説してくれた。

アランは折に触れて、自分のいちばん強烈な記憶に立ちかえる。そのことはあらかじめミケルから聞いていたが、実際に会って私も納得した。それは空軍時代を経て哲学教師になるまでの記憶で、アランが自分のアイデンティティを確立した時期にあたる。前出のロビン・モリスは次のように話す。「そうした記憶は自己感覚にしっかり組みこまれ、豊かで揺るぎのない表象をつくりあげます。自分がどんな人間かを規定する基本概念は生涯を通じて不変だし、変わるとしてもほんのわずかです」

アルツハイマー病も末期になると、この基本概念までむしばまれる。だがアランはまだそこまで進行していないので、一八歳のことを思いだせる。喫煙が見つかって三回も停学を食らい、スクールカウンセラーの勧めで空軍に入隊した。ドイツのミュンヘン近くの基地に配属になり、そこで航空機の整備技術を学んだ。二二歳でサンフランシスコに戻り、ユナイテッド航空に勤務するかたわらコミュニティカレッジに通う。ラジオ局のキャスターになる夢を持っていたが、教師のひとりに声がラジオ向きではないと言われた。代わりに哲学の授業を受けてはどうかと助言され、これがぴたりとはまった。アランは哲学に夢中になり、すぐに自分が教える立場になって、教師として信頼を獲得した。

ただしアラン自身が話す内容は、細部が抜けていたり、順序がおかしかったりした。事前にミケルから情報を仕入れていたから私は理解できたのだ。

たとえば、哲学の勉強を提案してくれた教師について話しているのに、アランはこんなことを言いだす。「煙草で……停学になったのだから、空軍に入ったらどうかと言われたんだ」しかしこのときはもう空軍にいたはずだ。

ミケルからアランの半生を聞いていなければ、アランの回想を時間軸に沿って理解することはできなかっただろう。面談をそろそろ終えようというころ、ミケルが席をはずし、アランと私は二人きりになった。私はもう一度彼の人生についてたずねた。アランはまたしても空軍の話を始めた。そのときの言葉を一字一句そのまま記しておこう。

「そこで私たちは空軍に入った。誰もがやるように、立場をつくろうとする。みんな飛行機で飛びたがったが、誰かに代数を勉強しないとだめだと言われた。私は代数をやっていないと言われた。私もそう言った。オーケー、だったらほかのことをやろう。鉄道でサンフランシスコに行って、そこからボストンに移って、船に乗った。この部屋ぐらいの大きさの船で、一二人から一五人ぐらい乗っていた。良かったのは、ほかの連中がみんな船酔いになったのに、私はならなかった。みんな外に出てぐったりしていた。ああ、そのときの写真があるよ」

「それから列車をおりた。二日半ぐらいかけてミュンヘンに着いた。ミュンヘンはドイツの中心で、そこに場所があった。アメリカ人とドイツ人を……いっしょにする場所。私たちはそこに……えーと……二年いて……それから戻ってきた。ユナイテッド航空で何年か働いていたけど、『おまえ、いつも本を読んでいるからカレッジに行ったらどうだ？』とみんなに言われた。読んでいたのは探偵小説だった」

私が訪ねたときにアランが何度となく話した思い出は、兵士として列車で移動中、農夫たちが手を振ってくれたことだ。車窓に彼らの姿を見たとき、アランは一八歳だったはずだが、それがテキサス州だったか、ドイツだったかは思いだせない。強烈な印象の記憶はまだ残っているものの、病気のせいでナラティブはもう混乱していた。

＊＊＊

ロビン・モリスは、アルツハイマー病では二つの重大な変化が起きると指摘する。ひとつは、自分に関する新しい知識を獲得できない、つまりナラティブ・セルフが更新不可になること。もうひとつは、関係する脳の領域が病気の影響を受けるせいなのか、自己観念が後退して、ナラティブのなかでも打たれづよい主軸部分にまで後退してしまうことだ。「打たれづよい」主軸のナラティブが形成されるのは、思春期後期から成人期はじめにかけてだ。記憶が怪しくなってきたアランが、何かと思いだしていたのもこの時代の自分だった。

健康な人でも、人生の重大なできごとはと問われたら、一〇歳から三〇歳までのあいだに起きたことをとりわけ多く思いだすはずだ。この集中傾向を心理学では想起分布の隆起《レミニセンス・バンプ》と呼ぶ[*30]。レミニセンス・バンプは自己観念に大きな影響を与える。シティ大学ロンドンのマーティン・コンウェイは、記憶と自己観念を専門に研究している心理学者だ。人は階層化された目標を持っているとコンウェイは考える。この階層はいくつもの小目標に分かれるのだが、細分化されるにつれて内容は具体的になっていく。たとえばアスリートになることが最大の目標とすれば、それを細かく切りわけていくと最後には「今日五キロ走ること」になる。コンウェイはこの目標階層をもとに「作動的自己」という概念を定義する。作動的自己の目的は、具体的な目標（アスリートになる）と現状（ソファでのんびりしている）を突きあわせ、両者の矛盾が最小になるよう折りあいをつける（ソファから立ちあがってランニングを始める）ことだ。作動的自己は行動の調節役と言ってもいいだろう。

この作動的自己とは別に、概念的自己も存在するとコンウェイは考える。家族、友人、社会、さらには文化との相互作用にもとづいて形成された、自分は誰かという概念がここに属している。作動的自己の仕事は行動を調節して、概念的自己およびその目標と矛盾しない記憶を形成・構築していくことだ。矛盾しないというのは、正確ということではない。たとえば、台所のガスレンジの火を消したかどうか覚えていることは、私にとって重要だ。この種の短期記憶は現実をありのままに反映していないとたいへんな目にあう。しかし脳がそうした記憶を永久に持ちつづけることは不可能だ（あらゆるできごとを写真のように記憶できれば別だが）。そのため長期記憶は、正確かどうかは二の次にして、むしろ「一貫性」を重視する。言いかえれば長期記憶に入るものは、概念的自己および目標と調和していなくてはならない。また概念的自己および目標も、すでにたくわえられている長期記憶の影響を受ける。長期記憶のなかの自伝的な内容が「自己とは何か、これまでの自己はどうだったのか、この先の自己はどうなりそうなのか[*31]」に縛りを与えるいっぽう、そうした自伝的記憶に入れるべき内容と取りだしやすさを指図するのは作動的自己だ。私が誰で、何をして、これからどうなるかは個人的なストーリーの集まりが左右する。ストーリーの始まりが決まっていれば、結末もおのずと決まる。本人にとっては、ストーリー自体が現実にもなりうるのだ。

作動的自己が働く神経プロセスのおかげで、目標や自己認識に沿った長期記憶は、そうでない記憶より取りだしやすくなっているとコンウェイは言う。人生の目標に合致する重大な経験の記憶は、自己とその歴史にしっかりつながっているのだ[*32]。

そこでレミニセンス・バンプに戻る。「思春期後期から成人期初期までは、自分への信頼と自己概念が培われるきわめて重要な時期です」とロビン・モリスは話す。ナラティブ・セルフの核がこのときできあがるのだ。

この時期に経験したできごとがナラティブ・セルフに大きな影響を与えるし、そうしたできごとに結びつく記憶が本人の次の行動に影響して、ナラティブの成長を方向づける。この一貫性こそ、自己が何より必要としているものだ。

しかしアルツハイマー病になると、このナラティブ・セルフに崩壊の脅威が迫ってくる。それもひとつだけではない。まず、新しいエピソード記憶を形成できなくなるし、エピソード記憶を「意味化」してナラティブに組みいれる能力も失われる。リオデジャネイロ出身で、モリスのもとで博士課程に在籍しているダニエル・モグラビは、その状態を「自己の石化」と呼んでいる。自分について語るストーリーが停止するのだ。ナラティブ・セルフが正常であれば、ストーリーは多彩なエピソードで盛りだくさんなはずだ。アルツハイマー病になると、ナラティブは展開をやめて、そこで行きどまりになる。病気の進行とともにナラティブは切りくずされていき、エピソードはつながりを失って、最後にはすべて消える。

「自己の石化」というモグラビの表現は、研究者仲間には受けが悪い。「アルツハイマー病患者が死んだも同然とか、硬直化しているような印象を与えるからでしょう」とモリスは言う。「もちろんそんな意図はないわけだし、私自身は的確な言いかただと思います。人間の状態を概念化するときは慎重さが求められますが、政治的な正しさで科学に枠をはめるべきでもない。不都合な真実を隠すことはできないのです」

アルツハイマー病によってナラティブ・セルフが石になり、少しずつ崩れていくなかで、患者が戻っていくのはナラティブ・セルフの核心部分だ。自己を確立し、身体と脳にその本質が深く刻みこまれたときの記憶である。だがそれとて無事ではいられない。アランも思春期から成人期はじめのことは思いだすことができるが、ミケルは彼が「いなくなる」時間が長いことに気づいている。目をじっとのぞきこんでも、からっぽで何もないのだ。アルツハイマー病患者の介護者は例外なく同じ経験をしている。「もうここにいないも同然なのです」とミケルは言った。

だがほんとうに患者の意識は抜けおち、自己をなくしているのだろうか。介護者のたんなる推測ではないのか。それを見きわめるのが科学の責任だとモリスは断言する。

＊＊＊

アルツハイマー病患者は、最後には自己が消失する――ピア・コントスはこの主張に納得できない。認知機能がどんなに低下しても、何らかの自己性、前認知的で前内省的な自己性が身体に埋めこまれているのではないか。そんなコントスの発想のきっかけは、フランスの哲学者モーリス・メルロ゠ポンティと社会学者ピエール・ブルデューだった。「認知に依存しない形で世界と関わるとき、身体が果たす役割について考える足がかりになった」

長期介護施設でアルツハイマー病患者を観察してきたコントスは、そんな「埋めこまれた自己性」の実例をいくつも見ている。なかでも強く印象に残っているのは、認知機能の衰退が激しく、意味のない単語を発することしかできない男性だった。

シムハット・トーラーというユダヤ教の大切な祭日がある。その日、入所者たちは施設内にあるシナゴーグに出かけた。礼拝ではひとりずつ演壇に呼ばれ、祈りを唱える。順番を待つ行列に男性がいるのを見つけて、コントスは身がすくんだという。「目も当てられないことになると思いました。だって彼は二語文すら言えないのですから」

ところが男性は名前を呼ばれると、しっかりした足どりで演壇に歩みより、すらすらと祈りを唱えたのだ。認知機能が多少は残っていたのだろうか。コントスは別の可能性を考える。

「私はできごとの調和に注目しました。聖書の感触、ラビの存在、信者が一堂に会した場の雰囲気が、ブルデューの言う〈ハビトゥス〉、言葉をかえれば〈身体化された自己性〉を導きだし、その瞬間だけ昔のようにふるまうことができたのではないでしょうか。自室に戻った男性にお祈りを唱えるよう言っても、何もできなかったはずです」

身体化された自己性とは、「身体面の習慣、しぐさ、行動が人間らしさや個性を支え、伝えているという観念」のこと[*33]。メルロ＝ポンティは、すべての人は世界と関わることのできる原初身体を持って生まれてくると考えた。「人間に完全な非実体部分はない」と彼は書いており、その例としてタッチタイピングの技能をあげた[*34]。タッチタイピングができる人は、キーボード上のキーの位置をいっさい考えなくてもタイピングできる。「タイピングの知識は、身体的な活動がなされるときに初めて活用され、明示されるものであり、その活動を離れて表現されることはない[*35]」

身体の役割を原初的な能力からさらに拡大させたのがブルデューだ。身体は社会的、文化的習慣《ハビット》を組みこんでいく。それが「ハビトゥス」と呼ばれるものだ。「ハビトゥスは性向およびさまざまな形のノウハウで構成されていて、認知未満のところで機能し、前内省的なレベルで成立する」とコントスは書いている[*36]。ブルデューによれば、性向とは「存在のありかた、常習的な状態……傾向、性質、性癖」といったものだという[*37]。

コントスは、メルロ＝ポンティの原初身体とブルデューのハビトゥスを結合させる形で「身体化された自己性」という概念にたどりついた。「私たちは誰もが、身体化された自己性を有していきます。あなたも、私もです。認知がふつうにできているあいだは、この自己性は背景にひそんでおり、気づかれることはありません。前面に出てくるのは認知がつまずいたときです」とコントスは説明する。「この前内省的な能力は、世界と関わる原初的な手段であるため、認知が阻害されたときに重要になってきます」

身体化された自己性は、身体と精神の区別をあいまいにする。私は誰なのかをつくる要素に、身体も仲間入りするからだ。デカルトの影響で西洋の神経科学は精神を格上げし、身体はその入れ物に成りさがった。その後、神経科学は少しずつデカルトから距離を置くようになり、身体と精神を分ける二元論とも決別した。にもかかわらず、アルツハイマー病患者の自己消失に関しては、過去の遺物のような観点を当てはめてしまう。「デカルト派が一貫して身体をおとしめてきたせいで、認知能力が失われたとなると、自己がなくなったという話にすぐ飛躍します」コントスはそう主張する。「でも存在の根底のところは存続しているのです」デカルトの遺産を完全に捨てさり、身体と精神の線引きをやめれば、まったく新しい自己の概念が出現するはずだ。

身体化された自己性には、脳だけでなく身体も関与している。ただし認知はかならずしも関わっていない。脳は大脳皮質、小脳、脳幹に分かれている。このうち手続き記憶や身体の動きの調整に大きな役割を果たしているのが小脳だ。アルツハイマー病が末期になるまで、小脳にはさほど変化は見られない。大脳皮質が萎縮して認知が衰えたとしても、脳と身体の連合体には、自己性を蓄積し、発揮しつづけているところがあるのだ。

コントスが自説への確信を深めたのは、もうひとりのアルツハイマー病患者のおかげだった。その患者は車椅子の高齢女性で、認知能力が衰えて話すことはできないうえに、着替えや食事、排泄も自力では無理だった。食事のときは、服を汚さないよう職員が前掛けを着けさせる（それが施設の決まりだった）。すると彼女は前掛けの下に手を入れ、首にかけている真珠のネックレスが見えるように外にひっぱりだすのだ。コントスは言う。「それをしないうちは、ぜったいに食事を始めないんです。そのときだけは認知症の暗闇から抜けだして、強烈な存在感を放っていました。あれが自己表現でなくて何なのでしょう」

だが複雑なナラティブ・セルフ（認知にしろ身体化されているにしろ）には、経験の主体になるという、もっと根本的な能力も関わっているのではないか。私が会ったアランがそうだった。語る内容は支離滅裂でも、自分の混乱しきったナラティブを経験する主体ではあった。アルツハイマー病が末期になり、ナラティブ・セルフが完全に破壊されていても、ナラティブ形成以前に存在する自己を「主体として」経験することだけはできる。そうだとすれば、自己の根本はナラティブではなく、主体としての自己だと言えるかもしれない。ただ、主体としての自己はいったい誰なのか、いや、どんなものなのか？　悲しいかな、アルツハイマー病に冒された人は、ナラティブを失った状態を言葉で伝えることはできない――痛ましくて、そんな質問をすることさえはばかられる。

　主体としての自己を理解するには、ほかに手がかりを求めるしかない。たとえばタッチタイピングが身体化された能力になり、拡大されたナラティブ・セルフの一部となるためには、指先に覚えるキーの感触に対して、誰かほかの人がキーにさわっているのではなく、私が触れていると確信できる必要があるはず。いや、その前に、キーに触れている指が自分のものだと感じる必要があるのでは？　何のことかと思われるかもしれないが、ふだん私たちが当たり前だと思っていること――自分の身体は自分のもの――も、実験や病気であっけなくひっくりかえる。後者の場合、想像をはるかに超えた苦しみを生むこともある。次章ではそれを見ていこう。

＊　＊　＊

着てるものが何だって？　ネクタイが太すぎるってか？　ラジオから流れるビリー・ジョエルの「ロックンロールが最高さ」を聴きながら、私は車を駐車場に入れた。ここはクレアの父親が入っている生活支援施設だ。カリフォルニアの午後の太陽は強烈で、おまけに車のエアコンがろくに効いていない。

クレアは施設の外で待っていた。暗証番号を押さないと玄関が開かないのは、外からの侵入を防ぐことが目的だが、居住者——アルツハイマー病患者が多い——がふらふらと外に出ないようにするためでもある。私たちは廊下を歩いていった。クレアの父親の部屋の前も通る。ドアには、先月九〇回目の誕生日を迎えたときのおめでとうカードが下がっていた。高齢の婦人が二人、私たちに笑いかけた。「おはよう」ひとりがあいさつする。彼女は一瞬沈黙したあと、こうつけくわえた。「こんにちは、かしら。もうわからなくて」内輪受けのジョークなのか、本気なのか。それはわからないけれど、雰囲気がやわらいだのはたしかだ。

クレアの父親は広間にいた。こういう情景は映画でしか見たことがない。二〇人ほどの老人が椅子にじっと腰かけている。ぼんやりしている人もいれば、いくらかはっきりしている人もいる。テレビは、マイケル・ケイン主演の最近の映画を大音量で流していた（あとで調べたら「モーガン氏最後の恋（*Last Love*）」だった）。クレアが指さした先に父親がいた——施設の椅子よりくつろげるだろうと、クレアの母親が持ちこんだ自前の椅子でうたた寝している。クレアはそばに行き、「お父さん、お父さん」と声をかけながらそっと押した。父親は目を覚ましたが、動揺して興奮ぎみだった。クレアがもう一度手をとろうとすると、父親は握手をするように腕を伸ばしたものの、今度は娘の手をねじあげた。クレアはあきらめて手をひっこめた。寝ているところを起こされて腹を立てているのだ。しばらくそっとしておこう。私たちは父親の部屋に行くことにした。

クレアは部屋の鍵を持っていた。施錠しておかないと、他の入居者がすぐにドアを開けて入ってしまうのだ。部屋は飾りも少なく、さっぱりしていた。壁には額に入った写真が何枚もかけられ、父親の人生を物語っていた。ヨットの舵を握っている姿はなかなかの男前だ。家族の写真もたくさんあった。テーブルには、子どもが使うような色つき工作用紙でつくったスクラップブックが置いてある。クレアの妹が、父親の人生の節目をまとめたストーリーブックだ。父親がまだ一七歳だったときの写真。ヨーロッパで結婚証明書に署名する両親の姿。教会から出てきた新郎新婦を、オールを持ったヨット仲間がアーチをつくって迎えた瞬間。アメリカに移住したあと、カリフォルニア州モロ・ベイに家族で遊びに行ったときの写真もあった。クレアや妹たちがまだ小さかったころだ。クレアが育ったミネソタ州の家。自宅の庭にバーベキューこんろを自作する様子（クレアの父親が何かを手づくりした貴重なひとコマだ）。父親は勤務先の広報誌の表紙になったこともある。ヨットで船長を務めているときの写真。七〇歳ごろ、結婚が長続きしたお祝いで旅行したときの写真もある。そして一〇年ほど前の写真。「このころにくらべると、いまはすっかり衰えてしまいました」とクレアは言った。

クレアの妹は、父親の記憶を呼びおこしたいと思ってこのスクラップブックをつくった。一貫した自己の物語であるナラティブ・セルフを取りもどしてもらいたかったのだ。しかしクレアが見るかぎり、あまり役に立ってはなさそうだ。

私たちはふたたび父親に会いに行った。今度はクレアが手を取ってもはねつけず、彼女の指関節を握るような動作をした。クレアが父親に何度もキスをすると、父親も笑顔になってキスを返した。お父さんは、あなただとわかっているんでしょうか。私の問いに、クレアはわからないと答えた。一言も話さないので、知るすべがないのだ。私も彼と握手を試みた。最初は無反応だったが、しばらくすると笑って力強く私の手を握りかえした。指の関節も強く握られた。これでは知るすべがない。

いや、あるのかも。指の関節を強く握られたとき、クレアは子ども時代を思いだした。父親がふざけてよくやっていたのだ。痛くて顔をしかめると、「ハハハ、冗談だよ」と言われたものだった。父親の自己の断片、強くて大きくて、娘とふざけていたときの父親が、彼の身体のどこかにまだ残っているのだろうか？

＊＊＊

私がアランに会ってから一か月と少したったころ、ミケルはアランを連れて介護付き高齢者ホームを見学に行った。アランは失禁がひどくなっていた。夜中に下痢で汚れたシーツを何度も交換し、アランにシャワーを浴びさせる。ひとりで介護するのはもう限界だ。助けがほしいとミケルは考えたのだ。見学したホームは裏庭がうっそうとした木立で、その先に公園が広がるきれいなところだった。アランも気にいった様子だ。帰り道、ハンドルを握りながらミケルはたずねた。「あそこでやっていけそう？」するとと意外にも、アランは「いいところだと思う。だいじょうぶだ」としっかり答えた。

それを聞いたとたん、ミケルは罪の意識にさいなまれた。「アラン、ごめんね。あなたと離れるのはほんとうにつらい。こんなことしたくなかったんだけど、私はもう無理なの」

「いいんだよ」アランは慰めた。「何があっても、ぼくたちはいつもつながってるんだ」

「ほんとうに驚きました」ミケルはそのときのことを私に話してくれた。「その日のアランとは、はっきり意思の疎通ができました。奇跡です。そのあとまた黙りこんでしまいましたが、あの日は彼をとても身近に感じました」

アランは高齢者ホームに入居して二週間後に世を去った。

アランが死んで数週間後、私はミケルに会いに行った。最初にアランに会ったときと同じ居間に座る。アランが使っていた茶色い革のソファのそばに、小さなテーブルがあった。白い花瓶には庭で摘んだ花がこぼれんばかりに活けられ、アランが好きだった本の上には素焼きの小さな亀が置いてある。薄紫色のキャンドルがともる横には、若き日のミケルとアランの写真が額に入っていた。ソファの背もたれには、アランが愛用していた茶色のコーデュロイジャケットが、ミケルの手でていねいにかけられていた。

第3章

自分の足がいらない男

全身や身体各部の所有感覚は現実と結びついているのか？

とつぜん足が気味の悪い性質のものになった——いや、もっと正確に、そしておとなしめな表現をするならば、足があらゆる特性を失ったのだ。異質で想像もできないようなものになり、見たり触れたりしても、それを知っているとか、関係があるといった感覚が湧いてこない……おまえなんか知らない、おまえは私の一部ではないと思いながら、ただ眺めているだけ。

オリヴァー・サックス[*01]

幻肢は、理論的には身体の他の部分でも起こる。もちろん脳は別だ。幻肢が起きているのは脳内なのだから、幻脳というのはありえない。

V・S・ラマチャンドラン[*02]

デヴィッドが足を切断しようとしたのは、これが初めてではなかった。大学を卒業してまもないころ、古い靴下と荷造り紐で足をきつく縛りあげた。即席の止血帯である。そして自室にこもり、血流が行かないように足を上にして壁につけた。しかし二時間後、すさまじい痛みと恐怖が意志の力を打ちまかした。筋肉が長時間圧迫されて損傷すると、毒素が生成される。血流の回復とともにその毒素が全身にまわると、腎不全になって最悪の場合死んでしまう。しかしデヴィッドは自分で紐をほどいた。縛りかたがへただったことも幸いした。

それでも足を切ってしまいたい気持ちは変わらない。その欲求は彼の意識に根をおろし、支配していった。彼にとって足は異質な部分であり、まがいもの、侵入者だった。起きているあいだは、足から自由になる想像で頭がいっぱいになる。立つときも「良い」ほうの足にだけ体重をかけた。自宅では片足跳びで移動し、座っていてもつい手で足を押しのけようとする。この足は断じて自分の足ではない。やがてデヴィッドは、この足のせいで自分は結婚できないと思うようになった。郊外の小さなタウンハウスにひとりで暮らし、人づきあいをせず、恋人もつくろうとしない。この強迫観念を他人に知られるのはごめんだった。

デヴィッドは彼の本名ではない。病気について語るのは匿名が条件だった。私たちはアメリカ最大規模の都市の郊外にある、これといった特徴のないショッピングモールの、どこにでもありそうなレストランで会うことにした。デヴィッドはハンサムな男で、いま人気の映画俳優に似ているが、その名前は出さないでほしいと言われた。本に書いたら同僚にバレるかもしれないからだ。デヴィッドは秘密をひた隠しにしていて、足のことを打ちあけたのは私でやっと二人目だという。

陽気なギターの音楽が流れるレストランの待合室で、デヴィッドは完全に場違いだった。彼は声をしぼりだすようにして自分のうつ病を語る。電話で話したときも声が嗚咽《おえつ》まじりだったが、大の男がこれほど感情をさらけだす姿を目の当たりにすると、こちらまで苦しくなる。テーブルの準備ができても、デヴィッドはなかなか動こうとしなかった。声が震えるほどつらそうなのに、話を続けたがるのだ。

「あまりにつらくて、家に帰ったとたん泣きだすほどでした」デヴィッドは電話でそう言っていた。「まわりの人たちは順調に人生を切りひらいているのに、自分は一歩も前に進めなくてみじめでしかたない。奇妙な強迫観念が足かせになっているんです。何とかしなくちゃと頭ではわかっているんです。このまま待っていては、人生のチャンスがなくなってしまう」

デヴィッドがここまで話してくれるまで時間がかかった。知りあったばかりのころは、引っ込み思案で堅苦しく、自分の話をするのは得意じゃないと言っていた。職を失うことを恐れて、精神科に行くことは避けていたが、暗闇にすべり落ちそうな自分の状態はよくわかっていた。やがて孤独で重苦しい気持ちは家のせいだと思うようになり、寝るときしか家に戻らなくなった。昼間家にいると泣きだしてしまうのだ。

私が会う一年ほど前のこと。ある晩、もう耐えられないと思ったデヴィッドは親友に電話をかけ、打ちあけたいことがあると告げた。親友はデヴィッドのつらい気持ちに寄りそってくれた——それこそ彼が求めていたことだ。デヴィッドの告白を聞きつつ、親友はインターネットでいろいろ調べてくれた。親友は言った。昔から、きみの苦悶のまなざしを見るたびに何かあると思っていた。自分に話していない何かがあると。

親友に告白したことで、デヴィッドは自分が孤独でないことを知った。インターネットには、同じ悩みを持つ人のコミュニティまであった。彼らは自分の身体の一部——たいていは手足のどれか一本だけだが、二本のこともある——を切りおとしたいという強烈な観念にとりつかれている。この状態に、身体完全同一性障害（BIID）という病名がついてることもわかった。ただし名称については異論もあり、ゼノメリア（xenomelia）を提唱する研究者もいる[*03]。ギリシャ語で「外国の」＋「手足」を意味する造語だが、ここではBIIDでいくことにする。

インターネット上のコミュニティは、BIID患者にとって福音だ。自分の状態にちゃんとした病名があることをコミュニティ経由で知った人も多い。サイト数はほんのひと握りで、会員も数千人の小さなコミュニティだが、そこでは同じ患者でもいくつか分類がある。「愛好者（devotee）」は四肢切断者に性的な意味で魅力を感じるものの、自身は切断を望んでいない人。「希望者（wannabe）」は自分の四肢を切断したいと強く望んでいる人。そのなかでも切断願望が強烈な人は「執着者（need-to-be）」と呼ばれる。

デヴィッドはこうしたコミュニティを通じて、あるBIID元患者の存在を知った。その人物は、ヤミの切断手術をしてくれるアジアの外科医に「希望者」を紹介していた。デヴィッドはフェイスブック経由で元患者に接触を試みたが、一か月たっても音沙汰がない。切断手術の望みが遠のくにつれて、デヴィッドのうつ状態はますます重くなった。たえず足のことが頭に浮かんで消えてくれない。こうなったら自分で何とかするしかないとデヴィッドは決心した。

今回は紐で縛るのではなく、ドライアイスを使うことにした。手足を凍傷にして、医者が切断するしかない状態まで持っていくのだ。ＢＩＩＤコミュニティでは、自己切断でよく採用される手段だという。デヴィッドは近所のウォルマートで、大きなゴミバケツを二個買ってきた。方法は乱暴だが単純だ。冷水を満たしたバケツに足を入れて感覚を麻痺させたあと、大量のドライアイスを詰めたバケツに足をつっこむのである。所要時間は八時間。

足にはあらかじめ包帯を巻いておく。それに八時間も氷漬けにするとなると、ドライアイスが大量に必要だし、鎮痛剤がないと途中で挫折するだろう。その日は包帯しか入手できなかった。残りは翌日調達することにして、ベッドに入る前にコンピューターを立ちあげ、メールをチェックしたところ……

メッセージが来ていた。元患者からだ。

＊＊＊

ＢＩＩＤについては、まだわからないことだらけだ。医学界が倒錯した性癖としか見てこなかったことも災いしている。それでも数百年前からこの病気が存在していた記録がある。スイスにあるチューリヒ大学病院の神経心理学科長ペーター・ブルッガーは最近の論文で、一八世紀にフランスに渡り、外科医に足の切断を依頼したイギリス人の例を紹介している。断る外科医にイギリス人は銃を突きつけ、無理やり執刀させたという。イギリス人は帰国後、外科医にギニー金貨二五〇枚と感謝の手紙を送ってきた。手紙には、自分の足は幸福をさまたげる「最大の障害」だったと書いてあったという[*04]。

現代における最初の報告は、一九七七年の『性行動研究ジャーナル』に掲載された「四肢欠損性愛（apotemnophilia）」に関する論文だ[*05]。ここでは四肢切断欲求を性的倒錯に分類している。性的倒錯とは、逸脱した性的欲求ならすべて該当する便利な言葉だ。四肢切断への欲求がある人のほとんどが、切断者に性的興奮を覚えるのは事実であるため、性的倒錯のレッテルがひとり歩きして誤解を助長した面もある。同性愛もかつては性的倒錯とされていた[*06]。

一九七七年のこの論文の共著者のひとり、グレッグ・ファースはその後ニューヨークで精神科の開業医になった。彼自身もBIIDであり、その世界ではちょっとした有名人だ。ファースはBIID患者を救いたいと思っているが、当然のことながらその治療はつねに論争を呼ぶ。一九九八年、ファースはBIIDの友人の切断手術に協力した。メキシコのティファナにいる無免許の外科医を紹介したのだ。ところが友人は壊疽《えそ》で死亡し、医者は刑務所に送られてしまった[*07]。同じころ、スコットランドの外科医で、フォルカーク・アンド・ディストリクト王立診療所に勤務していたロバート・スミスが、ボランティアで切断手術をすると発表してBIID患者に希望を与えた[*08]。しかしメディアが大騒ぎしたために、二〇〇〇年に当局から禁止命令が出た。この事件をきっかけに、BIIDがさまざまな形で報道されたが、なかにはこの手の病気を特定し、定義すると患者の数がいっそう増え、一種の文化的汚染が起こるという主張もあった。

だがグレッグ・ファースはへこたれない。今度は、約六〇〇〇ドルで切断手術をやってくれる外科医をアジアで見つけだした。ただし自身が手術を受けるのではなく、仲介役に徹した。さらにニューヨークのコロンビア大学で精神科医をしているマイケル・ファーストにも接触した。関心を持ったファーストは、五二名の患者を対象に調査を実施する[*09]。そこから有益な情報が多く得られた。患者は例外なく、身体がなぜか自分のものと思えないという考えにとりつかれていた。身体の内部感覚と、現実の身体にずれが生じているのだ。これはアイデンティティ障害、言いかえれば自己感覚の障害だ。そう確信したファーストは、BIIDの認知度を高める活動にも力を入れるようになる。

「最初に提案された『四肢欠損性愛』という名称は明らかに問題でした」ファーストは私にそう言った。「性同一性障害（GID）に匹敵する名称がほしいと思いました。この名称からは、自分が男なのか、女なのかという感覚が性同一性であり、それがおかしくなった病気だという概念が明確に読みとれます。ではそれに対応する概念とは何か？　自分の身体のすべてがしっくりはまって、快適でいられるのが正常な感覚なのに、この病気ではそれがゆがんでいる――そんな仮説を身体完全同一性障害という名称が表現しているのです」

二〇〇三年六月、ファーストはニューヨークで開かれた学会で研究結果を発表した[*10]。ロバート・スミスやグレッグ・ファース、それに多くのBIID患者も傍聴した。そのなかに、デヴィッドに連絡をくれた元患者がいた。ここでは仮にパトリックと呼ぼう。

このときファースは、妻といたパトリックにいきなり近づいて驚くような提案をした。パトリックはそのときのことをこう語る。「サンドイッチを食べていたら、いきなり言われたんです。『手術の選択肢に興味はありますか?』」BIIDの重荷を背負って生きてきたパトリックは、一も二もなく飛びついた。「はいはいはい、もちろんです!」いま振りかえると、ファースはなぜ他の誰でもなく自分に声をかけてくれたのか。パトリックは無宗教だけれど、高い次元の力が働いたような気がしている。

翌晩、パトリックと妻はファースの自宅を訪れた。パトリックの本気度を確かめるために、ファースは厳しい質問を浴びせかける。切断欲求はBIIDのせいなのか、それとも異常性欲なのか。BIIDは人生にどんな影響を与えてきたか。質問は二時間におよんだ。パトリックは「不合格」を恐れつつも、ひとつひとつ答えていく。そしてファースはパトリックを推薦することに決めた。それがすべての始まりだった。一〇か月後、パトリックは念願の切断手術を受けた。それから一年もたたないうちに、今度は彼自身が仲介役として活動するようになった。

海からそう遠くない、アメリカの田舎っぽい雰囲気の小さな町。ここでパトリックは、自分の強迫観念を妻に知られた日のことを語ってくれた。それは一九九〇年代半ばのことだ。ＢＩＩＤ患者のほとんど全員に共通することだが、パトリックも四肢切断者に強い魅力を感じており、インターネットでそうした画像をダウンロードしては印刷していた。ある日コンピューターに向かっていた妻は、男性の画像ばかりをプリントアウトした紙の束に気がつく。「ヌードとかそういうのではなかった」気まずい空気が流れる。「ぼくがゲイじゃないかと妻は疑っているようだった。ぼくは顔が真っ赤になっていたはずだ」そばの安楽椅子に座っていたパトリックは、よく見てごらんと妻に言った。そして妻は、それが四肢切断者の画像であることを知ったのだった。

パトリックは妻に打ちあけた。四歳のころから足に違和感があったこと。それがどんどん強くなって、足を切りおとしてしまいたい強烈な欲求に駆られていること。妻は衝撃を受けた。結婚して何十年もたつのに、そんな秘密を隠していたなんて。でもパトリックは、告白したことが救いになった。四〇年以上、ひとりで苦しんできたのだ。育ったのはアメリカの小さな町で、両親は保守的だった。「精神科の受診なんてとんでもない」時代でもあり、パトリックは自分の感覚にとまどうばかりだった。ティーンエイジャーになった一九六〇年代はじめ、四肢切断や切断者への執着にとりつかれた彼は、そのことについて書かれた本を見つけようと州都の図書館まで出かけていった。

＊＊＊

すると驚いたことに、どの本も切断者の写真が切りとられ、盗まれていた。その瞬間、パトリックは悟った――この奇妙な観念に支配されているのは、自分だけじゃない。

「どこかに誰かいるはずだ。でもどうやって見つければいい？」パトリックは私に言った。

その後もパトリックは、自分の足をどうにかしたい欲求に悩まされた。「この足とおさらばするためにはどんな方法がある？　何を、どうすればいい？　でもそのために命を落とすのはいやだ」切断者の写真を見たり、道で切断者を見かけたりすると、衝動が高ぶってしかたがない。「そのことで頭がいっぱいになる。数日間は、どうやって足をなくすかということしか考えられない」とうとうパトリックは神や悪魔頼みにまでなり、「私の足を奪って、ほかの誰かの足を救ってください」と祈りをささげた。彼は四五年間、そんな悩みを誰にも言えずにいた。それは耐えがたい孤独だった。

妻に発覚する一年ほど前のこと。パトリックは地元情報紙の匿名広告を見つけた。広告を出したのは四肢切断願望を持つ「希望者」の男性だった。パトリックは広告に記された私書箱に手紙を出し、連絡をとった。やりとりを重ねたあと、初めて顔を合わせたとき、男性は四肢切断を望んでいる者はほかにもいると教えてくれた。それはパトリックにとって、ひとつの解放だった。「まさか、ぼく以外にもいるなんて。頭がおかしいせいじゃなかったんだ」パトリックはそう思った。

だが仲間がいたからといって、激しい願望がおさまるわけではない。パトリックの絶望は深まるいっぽうだった。自力で切断することも考えた。線路に横たわって列車に足を轢かせたとか、ショットガンで足を撃ちぬいた話も聞いたことがある。「列車だと速度がありすぎて、跳ねとばされたら即死だ。片足だけで生きていきたいのに、死ぬのはごめんだ」

自己切断に踏みきった別の希望者が、足をやる前に練習したほうがいいと助言してくれた。そこでパトリックは、まず手の指の一部を切断してみることにした。ペンと輪ゴムで指をきつく縛りあげ、氷とアルコールを入れた保温性のカップに浸す。指の感覚がなくなり、曲げることもできなくなったところで、のみと金づちを使って第一関節から上を叩き切った。切断した先端部分は、ごていねいにも金づちで粉砕しておいた。「こうしておけば接合手術もできないからね」

この処置は偽装にもなった。病院では、重たい物が落ちてきて指の先がつぶれたと説明できたからだ。麻酔薬が注射されるとき、パトリックはわざと顔をしかめた。でもほんとうはまだ指の感覚がなく、痛みは感じていなかった。

＊＊＊

グレッグ・ファースの紹介で、ついにアジアの外科医のもとを訪れたのはおよそ一〇年前のことだ。金曜の夜に病院に入ったが、手術室に運ばれたのは土曜の夜。「人生でいちばん長い一日だった」とパトリックは回想する。翌日麻酔から覚めた彼は、下のほうを見てみた。「信じられない。足がなくなってる。うれしくて我を忘れそうだった」それから一〇年たつが、唯一後悔しているのはもっと若いときに切らなかったことだ。「世界中のお金を積まれたって、足を戻したくない。それだけいまが幸せなんだ」

パトリックが満たされたことで、家庭生活も変わった。手術直前、子どもたちがバービーの恋人であるケンの人形をプレゼントしてくれた。人形がしまってあるプラスチックの箱には、昔収集した切断者の写真のスクラップブックも大量に入っていた。人形は赤いショートパンツをはいているが、片脚はひざの上から切られていて、先端には白いガーゼが包帯のように巻かれていた。また彼の自宅の天井には、骨格模型の飾りが吊るされている。私はさほど気に留めていなかったのだが、パトリックに「よく見てよ」と言われてやっとわかった。その骨格は、パトリックと同じく手の指の一部と片足がなかったのだ。暖炉に置かれたミケランジェロのダビデ像も片足だった。BIIDを背負ってきたパトリックの苦しみを家族が理解し、病気から解放されたことを祝福しているのだ。いまのパトリックは、自分の身体にまったく違和感がない。

安堵と解放。研究者が調査したすべてのBIID患者は、実際に四肢を切断したあとの感情をそう答えた。BIIDについては、倫理的な側面から懸念が指摘されている。健康な四肢を一度切断したら、もっと切りたくなるのではないかというのもそのひとつだが、これに関しては心配なさそうだ。最初から複数の四肢を切断したかった場合をのぞけば、切断を繰りかえした例は皆無である。

グレッグ・ファースもBIIDだったが、ガンにかかって二〇〇五年に死去したため、自身は切断をしないままだった。ファースと面談したとき、パトリックは自分の手術が終わったら、同じような人を助けたいと言った。死期が迫ってきたファースはパトリックに電話をかけて、アジアでの切断手術の仲介役を引きついでくれないかと依頼した。パトリックは快諾し、それから九年間ＢＩＩＤ患者のために活動を続けた。患者はいろんなつてをたどってパトリックのことを知る。前出のデヴィッドも、ドライアイスで足を凍傷にする寸前でパトリックと連絡がとれたのだった。

＊＊＊

パトリックが切断手術を受ける一年ほど前、心理学者が彼に質問をした。もしＢＩＩＤが消える薬があったら、飲みますか？　パトリックは少し考えてから答えた。若いときだったらそうしたかもしれないが、いまは飲まないと思う。「ＢＩＩＤは私が誰で、どんな人間かという核心になっているから」

これが私という人間だ——ＢＩＩＤ患者は、自分の病気について語るときにこれに類する表現を使う。私が直接会って聞いた話でも、伝聞で得た情報でもそうだった。欠落のない完結した自分を思いえがくとき、そこに四肢の一部が入っていないのだ。ファースはＢＢＣが二〇〇〇年に制作したドキュメンタリー番組「強迫観念のすべて」のなかで、次のように語っている。「自分の身体が、右脚の太腿の真ん中ぐらいで止まっているのです。そこから先は私ではありません[＊11]」

同じ番組で、スコットランドの外科医ロバート・スミスはこう話していた。「四肢がそろっているのは不完全だと信じて疑わない患者たちが、実際に存在するんです[*12]」

この感覚を理解するのは難しい。あなたや私の自己感覚は、手足が全部そろった状態の身体と結びついているはず。自分の太腿にメスを入れられるなんて、想像するのも耐えられない。これは「私の」太腿なのだ。そんな所有感覚が当たり前だと私は思っているが、BIID患者はそうではない。デヴィッドも、自分の足をどう感じるかと質問すると「自分の魂がそこまで伸びていない感じがします」と答えた。

しかしここ一〇年ほどの神経科学の研究で、身体の部分に対する所有感覚が、正常で健康な人でも奇妙にずれることがわかってきた。ピッツバーグにあるカーネギーメロン大学の認知科学者グループが、一九九八年に行なった独創的な実験がある[*13]。被験者は椅子に座り、テーブルに左手を置く。その隣にゴム製の手の模型が置かれ、ついたてで仕切られる。これで被験者からはゴムの手しか見えなくなる。絵筆でほんものの手とゴムの手を同時になでると、被験者は自分の手がなでられていることを認識しているのに、ゴムの手に絵筆の感触を覚えるのだ。さらに被験者の多くは、ゴムの手が自分の手のように感じたと答えた。

これはラバーハンド錯覚と呼ばれ、自分の身体認識が動的であること、言いかえればさまざまな感覚をたえず統合しながら経験していることを示している。視覚情報と触覚情報、さらには関節や腱、筋肉から得られる内的感覚で身体の各部分の相対的な位置を把握した結果(神経科学ではこれを固有受容感覚と呼ぶ)、身体所有感覚ができあがる。身体所有感覚は、自己感覚に不可欠なものだ。

ラバーハンド錯覚のように、矛盾する感覚情報を脳が受けとって身体所有感覚がゆがんだとき、私たちは初めて「何かおかしいぞ」と察知するのだ。

脳が所有感を生みだす仕組みはひとつだけではないようだ。次章でくわしく取りあげるが、この思考や行動を始めたのはほかならぬ自分だという感覚も脳はつくりだしている。ピンを持ちあげる動作を行なったのは自分だ、いま、ものを考えたのは自分だ。これは自分の考えであって、他の誰かの考えではない。それが自己主体感と呼ばれるもので、行動や思考を所有するうえで重要な鍵となる（これが破綻すると、精神病性妄想や統合失調症といった深刻な状態を招く）。

しかし、ゴムの手を自分の手と錯覚する私たちのことだ。存在しないものを所有すると感じることもあるのでは？　その答えは、おそらくイエス。手足を失ったあと、切断の直後から、ときには数年にわたって、ないはずの手足を感じる人がいる。一八七一年、アメリカの医師サイラス・ウィアー・ミッチェルはこの感覚を「幻肢」と命名した[*14]。幻肢が痛みをともなうこともある。一九九〇年代初頭には、幻肢は脳内の身体表現がおかしくなった結果起きることがわかった。これには、カリフォルニア大学サンディエゴ校の神経科学者V・S・ラマチャンドランの先駆的研究の貢献が大きかった。

脳には身体表象、つまり身体の地図が存在する――一九三〇年代、カナダの神経外科医ワイルダー・ペンフィールドはそんな説を唱えた。重度てんかんの手術中、意識のある患者の脳に電極で刺激を与えたところ、皮質表面に、身体の各部位に対応する領域があることがわかったのだ。手や指、顔といった敏感な部分ほど、脳に割りあてられた領域は広くなる。研究が進むにつれて、脳は身体の表面だけでなく、身体内側の組織、さらには外部世界の各種属性まで地図にしていることがわかってきた。

幻肢はこの脳内地図の存在で説明できるだろう。手足を失っても、脳内地図は残っているのだ。地図は元のままのこともあれば、断片化していたり、変更されていることもある。この脳内地図が、失われた手足を認知させ、あまつさえ痛みまで感じさせるのだ。生まれつき手足が欠損している人でも、幻肢を経験する。二〇〇〇年にペーター・ブルッガーが発表した研究には、四四歳の高学歴の女性の例が紹介されていた。女性は生まれつき左右の前腕と両脚がなかったにもかかわらず、物心ついたときから幻肢があったという。彼女の脳をfMRIおよび経頭蓋磁気刺激法（TMS）で調べたところ、本人はまちがいなく幻肢を経験しているし、欠損している部分がいまだに感覚野と運動野に表象されていることもわかった[*15]。「先天性四肢欠損者に起こる幻肢は、肉体のない魂です。血が通ったことがない」ブルッガーは私にそう説明した。この世に出現できなかった手足でさえ、脳は地図にしていたのである。

ブルッガーはこの女性の経験とBIIDに通底するものがあると考える。「逆のことが起きているんです。つまり魂のない肉体がBIIDということ」とブルッガーは言う。身体は完全に発達しているのに、脳内表象が不完全で、脳内地図で手足のところだけ白くなっている。

こうした解釈は最近の研究で出てきたものだ。神経科学者がとくに注目しているのは、脳内地図の作成に重要な役割を果たすとされる右上頭頂小葉である。ブルッガーの研究チームは、BIID患者はこの領域が健康な人より厚みがないことを突きとめた[*16]。働きかたも異なっていることが別の研究で確認された。二〇〇八年には、ポール・マッギーオとV・S・ラマチャンドランが、BIID患者四名の脳の活動を健康な人と比較する研究を行なっている。健康な人の足を軽く叩くと、上頭頂小葉が活発になった。しかしBIID患者の場合、「自分のものでない」足を叩くと右上頭頂小葉の活動が低下して、そうでない足を叩いたときだけ活動的になったのだ[*17]。

マッギーオは私にこう語ってくれた。「BIID患者は、脳のこの領域が先天的に、もしくは初期段階でうまく発達しなかったのではないかと私たちは考えます。手足が脳内で正しく表象されていないために、それを見たり感じたりすることにつねに対立や葛藤を抱えているのです」

BIIDに関与している脳の領域は、右上頭頂小葉だけではないこともわかってきた。ラバーハンド錯覚をはじめとする「身体所有感覚」の実験報告を洗いだした結果、身体とその周辺の感覚と、身体の各部分の動きの感覚を統合するネットワークが存在することが確認されたのだ。このネットワークには、運動制御と触覚を担当する部分から脳幹まで幅広い領域が関わっており、「ボディマトリックス」、つまり身体とその周辺空間の感覚をつかさどっているのではないかと指摘されている[*18]。このネットワークは、体内の生理学的バランスを維持する手助けをしているため、身体のまとまりや安定を脅かすものに反応する。おもしろいことに、ブルッガーが見つけたBIID患者の脳の器質異常は、ほぼすべてがこのネットワーク内で起きていた。ブルッガーの研究チームは、このボディマトリックス・ネットワークの異常がＢＩＩＤに関係しているのではないかと考えている。

これはあくまで相関関係の話であって、神経ネットワークの異常がＢＩＩＤの原因と確定したわけではない。この注意書きは、この本全体を通じて胸に留めておいてほしい。神経科学、とくに障害の研究は神経生物学の方向に単純化させ、脳と精神の関係を一方通行でとらえようとする傾向がある。脳は精神活動を左右するが、その逆はないというわけだ。障害を抱えた患者の脳を、ｆＭＲＩやＰＥＴスキャンで観察し、健康な人の脳と比較すれば、特定の領域の活動が異なっていることがわかる。だが明らかに神経学的な損傷があるならともかく、スキャン画像は脳の活動と障害に相関関係があることを示しているに過ぎない。スキャン画像から読みとれる器質的、機能的な異常が障害を引きおこしたのか。あるいは、たえまない精神活動（「この足は自分のものではない」という妄想など）が積みかさなって脳を変化させたのか。それは判定できないのだ。

さらに、身体の状態やボディマトリックス・ネットワークが、どのようにして自己感覚に翻訳されるのかという疑問もある。ＢＩＩＤで言うならば、身体の脳内地図がゆがんでいることが、なぜ切断欲求につながるのか。

哲学者トマス・メッツィンガーは、ＢＩＩＤ患者が身体の一部が自分のものでないと感じるのは、自己の概念に深く結びついていると考える。著書『エゴ・トンネル――心の科学と「わたし」という謎』には、「自分の身体とその感覚、また身体の各部分を〈所有〉することが、自分が自分であるという感覚の基盤になる」と書かれている。脳は身体が置かれた環境を表象して、自分が生きる世界のモデルをつくっている。そんな世界モデルのなかに埋めこまれているのが自己モデルだ。それは生物体としての自己の表象として、「環境との相互作用を調整」したり、生物体が機能する最適な状態を保ったりするのに利用されている[*19]。

脳が世界モデルや自己モデルを創造しているという発想は、一九七〇年に発表した論文から発展したものだ。そこでメッツィンガーは、「すべての調整者は……調整の対象をモデル化しなければならない」ことを数学的に証明した[*20]。つまり脳が身体を調整しようとするならば、身体をモデル化する必要がある。それが自己モデルだ。

ここで重要なのは、意識的自覚に入ってくるのは自己モデルの部分集合だけだということ。それをメッツィンガーは現象的自己モデル（PSM）と呼ぶ。PSMの内容は、身体感覚、情動、思考といった意識できるもの。言いかえれば、それが私たちの自我《エゴ》、主体的に経験されるアイデンティティだ。自己モデルの一部として身体状態もかならず存在しているが、それはPSMではない。つまり身体の状態を主体的に意識したり、それに気づいたりすることはない。脳がつくりだすモデルは、世界モデルにしろ、自己モデルにしろ、現象的自己モデルにしろ、中身はたえず変化している。また世界モデルの中身とPSMの中身を区別するのは、私有性の有無、つまり私のものかどうかということだ[*21]。世界モデルにあるものは自分のものという気がしないが、現象的自己モデルにあるものは、それが何であれ自分に属していると思える。

たとえばラバーハンド錯覚実験で使われるゴム製の手は、現象的自己モデルではなく世界モデルにあるものだから、自分に属している感覚は湧いてこない。それなのに自分の手のような錯覚を覚えるのは、現象的自己モデルのほうが変化したためだ。脳のなかで、ほんものの手とゴム製の手の表象が入れかわり、ゴム製の手のほうが現象的自己モデルに埋めこまれてしまった。現象的自己モデルに属するものはすべて主体的な私有性を帯びているから、自分の手として感じるのはゴムの手だ。ＢＩＩＤも同様で、現象的自己モデル内での四肢の表象が不正確だったり、不充分だったりして私有性を持ちそこねたために、自分の手足だと思えないのだろう（もしかするとコタール症候群も、現象的自己モデルの混乱が引きおこしているかもしれない）。

メッツィンガーの理論で考えれば、ＢＩＩＤ患者が自分の手足を切りおとしたくなる理由も推測できる。自己とは現象的自己モデルの中身であると定義するならば、それは主観的なアイデンティティというだけでなく、自分のものとそれ以外のもの、自分と非自分を区別するよりどころでもある。「現象的自己モデルは道具であり、武器なのです」メッツィンガーは電話で話したときにそう語った。「生物体としてのまとまりを維持し、守るために進化してきました。そこでは自分と非自分の線引きをきっちりしておかないと、いろんな機能に支障が出てきます。モデル内の表象がゆがんで、この手足は自分のものではないと判断されると、警戒レベルが上がりっぱなしになるのです」

マッギーオとラマチャンドランを中心とする研究グループは、簡潔ながら的を射た実験でそのことを確かめた[*22]。対象となったのは、自己切断を望んでいる二人のBIID患者だ。ひとりは二九歳の男性で、右膝から下を切断したがっていた。もうひとりは六三歳の男性で、左膝から下と、右太腿から下の切断願望があった。BIIDで興味ぶかいのは、患者は自分のものと思える部分とそうでない部分をはっきり区別していることだ。その区別は時間がたっても不変である（そのためラマチャンドランたちは、BIIDは心理的ではなく神経的なものだと考える）。実験では、被験者が希望する「切断ライン」の上と下をピンで軽く突き、手に着けた電極で皮膚コンダクタンス反応（SCR）を記録した[*23]。

SCRは自分の意志で変えられるものではない。何かが接触したり、大きな音が聞こえたり、感情が高ぶるような刺激を受けたりすると、SCRが高くなる。実験では、自分のものではないと感じる部分をピンで突かれると、そうでない部分にくらべてSCRが二〜三倍に跳ねあがった。

ブルッガーの研究チームも同様の実験結果を報告している。BIID患者の異質な部分と正常な部分を同時に叩いたら、異質な手足のほうが反応が速かった。そちらの触覚刺激のほうを脳が優先したのである[*24]。

二つの実験から、所有感のない手足のほうが感覚過敏であることがうかがえる。まるで脳が異質な部分にばかり注意を向けているようだ。「その部分がやたらと活発で注意を集めるため、側頭葉での扱いが優先されている印象です。なるほどと思います」ブルッガーはそう話した。

とはいえ、違和感いっぱいの部分にばかり注意が集中するのは皮肉な話だ。身体パラフレニア

（somatoparaphrenia）でも、足や腕、ときには右半身や左半身が丸ごと自分のものではなくなる。この妄想は半身麻痺患者に起きやすく、本人は麻痺したことすら気づいていなかったりする。だがＢＩＩＤの場合、そうした機能的な問題はない。異質な手足は、脳が構築した身体自己意識に属していないのだ。そう考えないと、注意が集中する理由が説明できない。ＢＩＩＤからわかることはもうひとつある。それは、身体の部分に対する所有感をなくしても、私有性の欠如を経験する「主体としての私」は健在だということ。異質な部分が妄想の対象になると、身体にくっついた異物が気になって取りたくなるように、切断願望が生まれるのである。

＊＊＊

ＢＩＩＤ患者が自発的に手足を切断すると聞くと、たいていの人は拒否反応を示す。メディアがＢＩＩＤを派手に取りあげていた一五年ほど前、生命倫理学者で当時ペンシルヴェニア大学に在籍していたアーサー・キャプランは「手足を切断する要求に応じるなど、まったくもって狂気の沙汰だ」と非難した[＊25]。

それから一〇年以上がたっても、自発的切断の善悪をめぐる議論は学会誌をにぎわせている。ＢＩＩＤ患者は、美容整形手術で大きすぎる乳房を小さくするのと同じことだと主張するが、ほんとうにそうなのか。生命倫理学の立場では、手足を切断すれば障害を背負うことになるのだから、同じではないという意見がある。そのいっぽう、乳房縮小で授乳ができなくなることもあるので、美容整形も障害を引きおこすという声もある。身体イメージの不一致が共通しているという理由で、少々無理はあるが神経性無食欲症と重ねる人もいる。神経性無食欲症では、患者本人の意思に反して栄養補給することもある。だからBIID患者の切断要求も却下するべきだというのだ。さらにこんな意見もある。神経性無食欲症は、生命にかかわるほどの体重の減少という客観的な基準があるので、患者の身体イメージがゆがんでいることが明らかにわかる。だがBIIDは、患者が身体イメージのずれを感じているかどうか判断できないというのだ。

議論がなかなか決着しないのは、医学界におけるBIIDの認知度が低いことも一因だ。自発的な切断が、患者の生活にどんな影響を与えたのかというデータもない。それでも前出のデヴィッドを診察した整形外科医は、執刀を決断した。

ドクター・リー（仮名）は四〇代なかば。気さくでよく笑う彼は、自分の裏稼業にうしろめたい気持ちはないようだ。それでも六年前、最初のBIID患者が接触してきたときは疑念がぬぐえなかった。BIIDについて自分なりにとことん調べ、患者とも数か月にわたってやりとりを重ねた。医師免許を失うリスクもある。信仰心のあつい彼は、妻とともに祈りを捧げ、人智を超えた存在に責任の一部をゆだねようともした。神さま、これがまちがっているのなら、どんな形でもいいので妨害してください——そう祈ったのを覚えている。実際のところ、何も問題は起きていない。ドクター・リーは、神が認めてくれたのだと解釈している。

自分のやっていることは倫理にかなっているとドクター・リーは自信を持っている。BIID患者が深い苦悩を抱えていることはまちがいないからだ。その苦しみを軽減するために手足を切断していいのかと問われれば、彼は世界保健機関が定めた健康の定義を引きあいに出す——健康とは、病気や病弱でないというだけでなく、身体的、精神的、社会的に安寧な状態を指す。ドクター・リーが見るかぎり、BIID患者は健康ではない。でも非外科的治療法は見あたらないし、心理療法も効果がない。二〇〇五年、マイケル・ファーストがBIID患者五二名を対象に行なった調査では、六五パーセントが心理療法を試みたものの、切断願望にはまったく変化がなかったという(もっともそのうち半数は、そもそも切断願望を療法士に打ちあけていない)。

BIID自体が精神病や妄想の産物ではないかという指摘もあるが、これも患者を調べた研究で否定されているし、ドクター・リーも自分が担当した患者は精神病ではなかったと断言している(次章でくわしく述べるが、たとえば統合失調症では自分が経験した現実が激しく変容する。しかし筆者が直接話をしたBIID患者に、そんな様子は見られなかった)。

むしろBIID患者には、パイロットや建築家、医師といった高度な専門職が多いとドクター・リーは言う。BIIDが実在する病気であることは、切断直後の患者の変化からよくわかるというのだ。自動車事故などで手足を切断せざるをえなかった場合、どんなに強靭な人でも精神的に深い痛手を負い、ときには重いうつ病になることさえある。「ところがBIID患者は、手術翌日から松葉杖で元気よく歩きまわるのです」

相当数のBIID患者を見てきたポール・マッギーオも同じ意見だ。「術後の彼らは幸福そのものです。手足を切りおとされて喜ばなかった患者はひとりもいません」ただし、とドクター・リーは私に念を押した。「もし最初の患者が手術を受けて後悔していたら、私は二度と引きうけなかったでしょう。でもいまのところ、そんな人は皆無です」

BIIDが広く認知され、自発的な四肢切断が合法化されたとき、ドクター・リーの裏稼業は終わる。「そうなることを願っていますよ。私も重圧から解放されます。いまは患者を助けるために、手術という危ない橋を渡っているんです」ここでドクターは本音をちらりと明かした——この仕事がなくなるのが惜しい気持ちもある。「私は変人なのかも」

一件二万ドルという報酬が惜しいのか？　そう問うと、ドクター・リーはきっぱり否定した。本業のほうも繁盛しているし、外国人相手なら正規の手術でも同額の報酬がもらえるというのだ。二万ドルには、入院費、協力してくれる外科医への謝礼、食事代、観光費用まで含まれているという。「リスク込みの値段ですよ。全員がハッピーでなくてはだめです。はした金ではやってられません。このことが露見したら、関わった人間は免許が剥奪されるんです」だが患者がハッピーになれるのなら、自分はリスクを引きうけるとドクター・リーは言った。

＊　＊　＊

デヴィッドの手術の日。彼とパトリックが滞在しているホテルに着いたのは、アジア某国のにぎやかな都市だ。空気は蒸し暑く、道路は我先に進もうとする高級車やおんぼろ車、バスやオートバイで大変な混雑だ。ディーゼルエンジンの排気ガスが鼻をつく。高級ホテルやオフィスビルのあいだを、悪臭を放つどぶ川が縫うように流れていた。けれどもホテルのスイートは板張りの落ちついた部屋で、空調が効き、静寂に包まれていた。

前日の夜、私はデヴィッドの手術のことを考えていた。どうなるのか心配だ。デヴィッドも恐怖を感じているにちがいない。手術への恐怖、家族や友人に向きあう恐怖、障害を負う恐怖。ところが当日の朝、デヴィッドが恐れている様子はまったくなかった。不安はもう乗りこえたのだという。彼が悩んでいたのは書類の記入だった。緊急時の連絡先を誰にすればいいのか。住所や電話番号を明かさなくてはいけない？　パトリックは「嘘をつくことに慣れたほうがいい」と言って、電話番号はひとつか二つ数字を変えて書くよう助言した。

デヴィッドに聞きたい質問が次々と浮かんでくる。精神科医の診察は受けたのか？　パトリックは、原則として精神科医がＢＩＩＤと診断した人しか仲介しない。だがデヴィッドの答えはノーだった。パトリックは外科医に推薦する独自の基準で、デヴィッドが精神的苦痛を抱えていると判断したのだ。それに金銭的な問題もあった。手術代、航空券代、一〇日間のホテル宿泊費（二人分）で費用はしめて二万五〇〇〇ドル。デヴィッドはありったけの金をかきあつめ、多額の借金までしてようやく調達したのだ。精神科医にかかる余裕はなかった。

ドクター・リーが手術を引きうけたのは、パトリックの推薦があったからだ。二人は六年前、BIID患者のネットワークで知りあった。協力してくれるドクター・リーに、デヴィッドは深く感謝している。ホテルの部屋で彼は語った。「ご存じのとおり、私は自力で切断する一歩手前だった。自分で自分を傷つけようとしていたんです」とつぜんデヴィッドは泣きだし、パトリックに慰められた。「すみません。自分を傷つける話になると、涙が出てくるんです」もし手術がうまくいかなかったら、今度こそ自分で足を切るとデヴィッドは断言した。「もう耐えられない」

お昼すぎ、ドクター・リーが迎えにきた。これから病院のスタッフや看護師の前でうまく立ちまわらなければならないというのに、意外なほど落ちつきはらっている。後日私がそのことをたずねると、「演技ですよ」という答えが返ってきた。「緊張しているところは患者に見せられませんからね」ドクターは私たちを自宅に連れていった。

私たちは居間に通され、これからどうするか説明を受けた。デヴィッドは血管障害という名目で入院し、何も知らないスタッフが手術の準備を整える。デヴィッドが手術室に運びこまれ、いざ開始となったところで、ドクター・リーが足の切断が必要だと判断して執刀するのだ。手術室で計画を知っているのは麻酔医と他の外科医だけ。看護師たちは何も聞かされていない。

ドクターは床に古着を広げ、デヴィッドの足先からふくらはぎまで手際よく巻いていった[*26]。病院のスタッフに、足が健康であることを気づかれないためだ。そして処方箋用紙に入院指示を書きこむ。デヴィッドは数日前から足が痛み、痙攣して、感覚がなくなってきたことになっている。

これは入院事務スタッフへの偽装だ。こうした症状があれば、手術中に切断に踏みきっても疑問を持たれることがない。

私たちは車で町はずれの小さな病院に向かった。高層ホテルが姿を消して中層階の建物ばかりになり、ぬかるんだ横道にはトタン屋根をかぶせただけの粗末な家も見える。病院は大きな道に面していたが、まわりに並ぶのは肉屋、質屋、家電修理店、それに安全確実な縮毛矯正をうたう美容院という妙な取りあわせだった[*27]。

ドクター・リーはこの病院のスタッフではない。開業医の立場で手術ができる契約を結んでいるのだ。私たちは病院の前で車をおりた。デヴィッドは松葉杖をついている。病院スタッフは彼の言い分を信じてくれるだろうか。ところが、私たちはあっけなく救急処置室に入ることができた。鉄枠のベッドが一〇台並び、分厚いカーテンで仕切られている。マットレスにかけられたシーツはしみひとつない。世界に誇る最先端のＥＲではないけれど、清潔で機能的だった。

看護師がデヴィッドを座らせ、どうしたのかとたずねる。デヴィッドはドクター・リーの指示書を渡した。青縞のシャツを着て、聴診器を首からさげた眼鏡の当直医師が、眉をひそめて指示書に目を通す。彼はカウンターから身を乗りだして、デヴィッドの足を観察した。包帯を見て、事故にあったのかとたずねる。いいえ、とデヴィッドは答えて、打ちあわせたとおりの症状を伝えた。医師は立ちあがってどこかに歩いていった。

デヴィッドは表情が硬い。義足を着けたパトリックは、同じ状況を何度も経験しているだけにどこ吹く風だ。デヴィッドは平静を装っているが、緊張していた。傍観者である私も緊張して、悪いシナリオばかり思いうかべていた。当直医師がさらに質問してきたら？　きみたち三人（うち松葉杖が二名）はいったいここで何をしているのかと詰問されたらどうする？　警察を呼ばれてしまうだろうか？　そうこうするうちにデヴィッドが書類の記入を終えた。看護婦が車椅子を持ってきてデヴィッドを座らせ、左腕に針を刺すと、点滴の袋を棒にひっかけた。看護婦がいなくなってから、私はパトリックのほうを見た。「うまくいってる。信じられない」彼は安堵の表情でささやいた。男性看護師がデヴィッドの車椅子を押して病室に向かう。私たちもそのあとをついていった。疑いをはさむ者はひとりもいなかった。

病室に入ったところで、携帯電話のショートメッセージで入院完了をドクターに報告する。このメッセージが届いた瞬間、自分の緊張が始まるのだとドクターはあとで教えてくれた。もう後戻りはできない。

病室で待っているあいだ、パトリックは切断後の生活の知恵をデヴィッドに伝授しはじめた。支えが何もない状態で目を閉じると、たちまちバランスを崩してひっくりかえる。強力な鎮痛剤をいつも持っておくこと。つまずいて切り口が地面に当たろうものなら、すさまじい痛みが走る。

看護師がやってきて、あと数時間で手術が始まると告げた。私たちはデヴィッドの静脈に入っていく点滴をじっと数える——一分間にだいたい一二滴。私はデヴィッドに、手術を終えて帰国したあと、周囲にどう説明するのかたずねた。病院で言ったことと同じだとデヴィッドは答える。そのためにドクターは経過報告書も作成してくれるのだという。

パトリックは自分のときどうだったか教えてくれた。休暇先で、「聖アントニウスの火」とも呼ばれる麦角中毒になったことにしたのだ。麦角中毒になると手足が壊死して、切断するしかなくなる。これで万事うまくいったという。

パトリックはデヴィッドに、最後にあることをやっておいたらどうかと提案した。手術が終わったら二度とできないことだ。それは脚を組むことだった。デヴィッドは言われたとおりにした。これから訪れる喪失を悼むかのように、私たちは黙りこんだ。

二人の男性看護師が運搬車を持ってきた。デヴィッドはその上に横たわり、いよいよ手術に向かう。パトリックは親指を立てて送りだした。言葉が見つからない私は、「がんばって」とだけつぶやいた。

＊＊＊

病院はすっかり静まりかえっていた。うす暗い廊下には、無人の長椅子が並んでいる。手術室の入口で、手術中のランプだけがこうこうと光っていた。デヴィッドは手術台に横たわっている。麻酔が効いているから痛みは感じない。真上の照明が太腿の上部を照らしていた。ドクター・リーがメスを持ち、健康で、筋肉質で、強靭な脚に刃を入れた。デヴィッドが希望した切断線どおりに、深く、長く。ドクターは集中しながらすばやく筋肉を切りわけていく。細い血管はその都度焼灼《しょうしゃく》するが、太い動脈や静脈、神経はそのままだ。神経の束をひっぱりだし、周辺の筋肉からはずして切断する。手を放すと、切られた神経はゴムのように太腿上部のやわらかい組織にひっこんだ。太い動脈をクランプで締め、パチッと切断して、先端を閉じた。手術は思ったより時間を要した。脚が太くてたくましく、血液を多く含んでいたからだ。

ドクターが大腿骨の下にワイヤーソーを差しいれた。助手が上から手で押さえて脚を固定する。大腿骨は人体でいちばん頑丈な骨だが、ワイヤーソーはあっというまに切断した。続いて大腿骨の裏側にある血管、神経、筋肉、皮膚も切っていく。これで完全に切りはなされた。今度は縫合だ。まず筋肉、続いて筋膜。筋膜は、筋肉を包むしっかりした繊維質の組織だが、ここは慎重にやらないと筋肉が脱漏して深刻な合併症を引きおこす。最後に皮膚と皮下組織を縫いあわせて終わり。脚だったところは何もなくなり、切り株のような末端だけが残った。

＊　＊　＊

私は手術室には入らなかったが、外の廊下に誰もいないのをいいことに、手術室の扉の曇りガラスからこっそり様子を観察した。詳細はドクター・リーからあらかじめ聞いていたし、実際に目の当たりにしたとあって、それ以来手術のことが繰りかえし頭に浮かぶ。そのたびに胸をよぎるのは、恐怖と悲しみだ。健康そのものの男性が、異国で自分の健康な脚に自分の意志でメスを入れてもらう。嘘やごまかしだらけでも、やるべき手術をする外科チームをデヴィッドは信頼していた。語りつくせぬ苦しみを味わって、ようやくここまでたどりついた。いまデヴィッドは、アメリカから何千キロも離れた国の小さな病院で、手術台に横たわり、見知らぬ人たちの手で脚を切断されている。

＊＊＊

病室のドアがノックされた。デヴィッドが手術室に運ばれてから、三時間以上がたっていた。眠りこんでいたパトリックは、手術着姿で、ゴムの手袋をはめた男性の来訪で目を覚ました。切断した脚はできるだけ早く処分する必要があるのだが、その費用がかかるという。パトリックは男性に現金を渡した。「脚を見ますか？　もう箱に入っていますよ」男性は言ったが、パトリックは断った。「これでデヴィッドも切断者になれた。ほっとしたよ。これが彼の望みだったし、彼には必要なことだった」

それからすぐ、ドクター・リーが病室にやってきた。ふつうより時間がかかったものの、手術は成功した。デヴィッドも元気で、いまは眠っているという。ドクターがホテルまで車で乗せていってくれるというので、私はお言葉に甘えることにした。車のなかで、ドクターは手術が長くなった理由を説明してくれた。「筋肉がすごく発達して引きしまっていたうえに、出血も多かった。慎重にやらなくてはならなかったんです」それでも出来ばえは満足のいくものだった。「驚くような変身ぶりを目撃できますよ」ドクターは言った。BIID患者が切断手術を受けたあとの変化のことだ。「明日わかります」

翌日、私は待ちきれない思いで病院に向かった。ビタースイートのチョコレートを買って、タクシーに乗りこむ。病院の正面玄関を通り、ERを過ぎて、手術室の曇りガラスの扉の前では一瞬足が止まった。私はデヴィッドの病室のドアをノックした。大きな手術の翌日、患者は身動きもせず横たわっているものだが、デヴィッドはもうベッドの上に起きあがっていた。切断したところは包帯で何重にも巻かれ、白いガーゼがかぶせてある。鎮痛剤トラマドールの点滴を受けていたし、尿バッグも着けていた。疲れた表情だが、大手術からまだ一二時間しかたっていないのだから当然だろう。私は握手をして、チョコレートを渡した。デヴィッドは包みをはがし、ひと口割って口に入れた。何ごともなかったかのようだ。話をして体力を使ったのか、そのまま眠ってしまった。

次の日、ふたたびお見舞いに行った。点滴と尿バッグははずれている。松葉杖が二本、ベッドの脇に置いてあった。ドクターに言われたとおり、松葉杖でトイレまで行ってきたという。そんな話をするデヴィッドはずっと笑顔で、何度も声をたてて笑った。初めて会ったときからずっと、デヴィッドは張りつめた表情をしていたが、それがすっかり消えている。心から安堵し、満たされているのが私にもわかった。

数か月後、デヴィッドにメールで様子をたずねた。切断手術に後悔は微塵もない。人生で初めて、自分が完全にまとまった存在になれたとデヴィッドは返事をくれた。

第4章

お願い、私はここにいると言って

自分の行動が自分のものに思えないとき

「私」について、さらには原因としての「私」について、そして思考の原因としての「私」について語る権利はどこから与えられるのか……思考はそれが望んだときにおりてくるのであって、「私」が望んだときではない。

フリードリヒ・ニーチェ[*01]

妄想を正しく把握するには、根底に知性の貧困があるという先入観から自由になることが最も重要だ。

カール・ヤスパース[*02]

二〇一三年三月一〇日、イギリス、ブリストル。二時間前にロンドンの空港に着いたときも寒かったが、すぐに電車に乗りかえ、まっすぐ西に向かった先のブリストルは身を切るような寒さだ。ブリストル駅には、ローリーと夫のピーターが迎えに来てくれた[*03]。これから立体駐車場を見にいく。二〇〇八年一一月のやはり寒い日、ローリーがそこから飛びおりて人生を終わらせようとした場所だ。

立体駐車場は八階建てだ。ピーターの運転で車はらせん状のスロープをのぼっていく。「端のほうに近づいちゃだめだぞ。変な気を起こすなよ」ピーターは妻に釘を刺した。だがローリーは気にも留めない。ピーターがけっこうな速度でカーブを曲がるたびに、「ヒューーッ！」と声をあげる。ジェットコースターに乗っている子どものようだ。

私たちは七階に車を停めて、階段で屋上に出た。吹きすさぶ風が刺すように痛い。ローリーは飛びおりようとした場所を探したが、それらしいところが見あたらない。手すり壁もかなりの高さがある。「私にはのぼれないわ。きっと改修したのね」ローリーは言った。だがコンクリートの手すり壁にそれらしい痕跡はない。私たちはなおも探しつづけた。

ついにその場所が見つかった。スロープをのぼりきったすぐそばだ。一一月のその日、ローリーはまずスロープの内側からのぞきこんだ。はるか下の地面はぬかるんでいて、これでは死ねないと思った（いまは砂利が敷いてある）。そこでスロープを横切り、胸までの高さがあり、厚みが三〇センチほどもある手すり壁をどうにかしてよじのぼったのだ。そのまま飛びおりていれば、コンクリートの地面に激突していただろう。

いま手すりの上に立ったら、高さ一七メートルもある前衛的で巨大なオブジェが目に飛びこんでくるだろう。スレートで覆われた鉄柱で、円形のソーラーパネルが傘のように広がり、らせん式の風力発電機がてっぺんで回転している。「これを見たのを覚えてるわ。二〇〇八年のあのときはまだ建設中だった」

オブジェは道路の真ん中に設けられた長い安全地帯に立っている。その先はれんが造りの建物が並び、さらに向こうには、ウェディングケーキ教会の愛称で呼ばれる聖ポール教会の塔が空にそびえていた。ローリーは自殺するつもりでいながら、絶景にしばし心を奪われた。それはローリーに考える時間も与えてくれた。飛びおりたら死ねる？　それとも大けがをして全身麻痺になるだけ？そんなことを思っていたら、下にいた男性がローリーに気づいて「大丈夫ですか？」と声をかけた。ローリーは答えなかった。「その人が通報したんだと思う」やがて警官が到着し、ローリーは保護された。そして近くの警察署に連れていかれ、精神保健法による処置として監視房に二四時間留置された。

ローリーは当時もいまも、自殺は自分の意志ではないと思っている。「何かの力に……そうさせられたの。決めたのは私じゃない。誰かが私を手すりから押しだそうとした」

それからまもなく、ローリーは統合失調症と診断された。病気とわかっても、あの日の印象に変わりはないという。飛びおりてしまえという考えは自分のものではない——立体駐車場の隣にあるショッピングセンターのスターバックスで、ローリーはそう話した。「自分の外から来たような気がしてならないんです」

＊＊＊

それからおよそ一か月後、スタンフォード大学で幻聴がテーマの会議が開かれた。最初の発表者が音楽幻聴についての発表を終えて、質疑応答になった。この会議はインターネットで生中継されていて、ソフィーという女性がツイッターに投稿した質問が読みあげられた。するととつぜん、私の前に座っていた女性が手をあげた。驚いた発表者に彼女は言った。「すみません、私がソフィーです［＊04］」会場は笑いに包まれた。

だが私は笑うどころではなかった。私がこの会議に来たのは、ソフィーに会うためだったのだ（彼女はシカゴに住んでいる）。だからソフィーがツイッターに質問を投稿したと聞いて落胆していた。スタンフォードには来なくて、離れた場所から会議を見ているだけなのか？　同じ会場にいるとわかって、私はほっとした。

ソフィーの存在を知ったのは、ニュージャージー州にあるラトガース大学の臨床心理学教授で、統合失調症の専門家ルイス・サスからだった。「彼女は私がいままで会った統合失調症患者で、いちばん物事を明快に語れる人」だという。ソフィーは統合失調症になる前からサスの研究に興味を持って、連絡をしてきた。自己と自己意識が攪乱《かくらん》された複雑な状態が統合失調症だというサスの長年の主張が、統合失調症の母親を持つソフィーに響いたのだ。そしてある日、ソフィーからメールが届いた。「なんだかおかしなことになってます……」と書かれていたのをサスはよく覚えている。彼女の精神も破綻しはじめていたのだ。

ソフィーの母親は、現実から乖離した妄想や幻覚をずっと抱えていた人だった。成長し、心理学と哲学を学んだいま振りかえると、それは統合失調症が引きおこした偏執症と恋愛妄想(「母はみんなが自分に恋していると信じていました」)だったとわかる。けれども四歳の幼いソフィーには知る由もなかった。母親はソフィーと弟を連れて食料品店に出かけるが、自分は店に入ろうとしなかった。支払いも含めた買い物は子どもまかせだったのだ。「四、五歳の幼児がカートいっぱいの買い物をして、親がサインをしてある小切手で支払いをするんです。かなり異様ですが、当時はそういうものだと思ってました」

母親の偏執症はほかの面にも現われた。たとえば郵便配達が自宅にやってくると、家族みんなで窓を閉めて息をひそめるのだ。「それが当たり前だったんです」

それがふつうでないと気がついたのは、中学校に入るころだった。母親の偏執症は悪化するばかりで、自分の子宮や飼い犬に録音機が埋めこまれており、家全体に盗聴器がしかけられていると思うようになった。子どもたちと話をするのも、家から一ブロック離れた路上だった。

これだけでも相当な環境だが、ソフィーの家族史には統合失調症が色濃く影を落としている。母親の前夫は哲学専攻の学生だったが、統合失調症を発症してカリフォルニアの州立病院に入れられた。「子どものころ、その人のことがすごく怖かったんです」とソフィーは振りかえる。「[母親は]彼が自分を殺そうとしている、病院から出てきて私たちを見つけだすと言っていました。それがどの程度現実味のあることなのか、私には見当もつかなかった。だからいつも彼におびえていたんです。母はそのいっぽうで、彼がすばらしい才能の持ち主だと美化していました。わが家には彼が持っていた哲学書がたくさんありました」

カント、ヘーゲル、ハイデッガー、ヤスパースが本棚を埋めつくしていたのだ。ソフィーは彼の日記も読んだ。そこには狂気に転落していく過程が記されていた。

ソフィーは難しい子ども時代をうまく乗りきり、学問への探究心をはぐくんでいった。コーネル大学に奨学金付きで入れる話を断り、ネパールに渡ってNGOの活動をしたあと、日本に一年半滞在した。アメリカに帰国してオレゴン大学に入学、ヨーロッパ近現代の哲学を専攻した。このときの指導教官のひとりが、統合失調症、精神病、自己をテーマに研究するジョン・リセイカーだった。ソフィーがルイス・サスにメールを出したのは大学四年のときで、幸いにも精神病の徴候はまだなかった。統合失調症とそれに付随する「狂気」を独自の観点でとらえ、さらにモダニズムとの類似を探るサスの姿勢に、ソフィーは強く惹かれたのだ。

＊＊＊

「二〇世紀のモダニズムやポストモダニズムには、統合失調症の体験や症状に似たものがたくさん見つかります」とルイス・サスは私に言った。「モダニズムは統合失調症的だとか、統合失調症患者がモダニストだといった話ではありません。ですが構造的な共通点があって、それが統合失調症で起きていることをまったく新しい角度から、つぶさに理解する手がかりになるのです」

サスは統合失調症に独自の視点を持ち、一九九二年には『狂気とモダニズム』という本まで上梓しているが、それは人生のさまざまな経験が意外な形で着地した結果だった[*05]。そのひとつが、モダニズム文学との関わりだ。六〇年代後半にハーヴァードで英文学を専攻したサスは、モダニズムに傾倒した。「彼もある意味モダニスト」という視点からウラジーミル・ナボコフをテーマに論文を書き、T・S・エリオットとウォレス・スティーヴンズの研究に没頭した。当時注目されていた話題のひとつに統合失調症があり、スコットランドの精神科医R・D・レインは『ひき裂かれた自己——分裂病と分裂病質の実存的研究』（阪本健二・志貴春彦・笠原嘉訳、みすず書房、一九七一年）を出版して論議を巻きおこした。サスがハーヴァードで受けた講義のひとつで、必読書に指定されたのがこの本だった。さらに同じころ、親しい友人が統合失調症を発症してしまった。

ブルックリンにある高級アパートメントのキッチンで、サスは親友が統合失調症のるつぼに引きずりこまれていったときのことを語ってくれた。四〇年近く前のできごとだ。親友は高校のころから、ただならぬ気配があった。明確な徴候のない病前期のあと、前駆期を経て、急性期に入るのが統合失調症の典型的な経過だ。「いまにして思うと、彼の病前性格はある種の統合失調症にぴったり当てはまっていました。友人のことをこんな専門用語で評価するのは心苦しいのですが」とサスは言った。

親友は型にはまらない、自律を好む性格だった（精神障害は自律性が低下するというのが従来の見かただが、サスはそこに疑問を投げかける）。「彼は、私たち〈普通人〉は因襲にしばられていて、ある意味憶病だというのです……たとえば、ここでいきなり逆立ちする人はふつういませんよね。でも彼は、やりたいと思ったら実行します。とんでもないことでもやってしまうし、恐れ知らずでした」

高校のカフェテリアで、親友が自分の皿から魚をつまみあげ、教師用テーブルに向けてほうり投げたことがある。それは「反抗心、目立ちたがり、自主性の発露、ありきたりなものへの軽蔑」といった動機で説明できるし、思春期の男子にめずらしいことではない。けれども「親友の場合、表現のしかたがどこかちがっていました……極端というか、変な言いかたですが正気でないのです」

結局のところ、親友は精神病ということになった。「ですが病気になる前から、そしてなったあとも彼をよく知っている私の印象は、［統合失調症の］一般的なイメージと一致しませんでした」

統合失調症は、もともと早発性痴呆と呼ばれていた。一八九〇年代に、ドイツの精神科医エミール・クレペリンがつけた名称だ。その後一九〇八年、スイスの精神科医パウル・オイゲン・ブロイラーが統合失調症という用語を提唱した。早発性痴呆と呼ばれていたころは、知的障害が最大の特徴であるとされていた。このほか、成熟したおとなの患者が幼児がえりするという精神分析学的なとらえかたもあったが、現在ではすたれている。また反精神医学運動やアヴァンギャルド文学が広めたのが、心の奥底に潜む欲求や本能を解きはなつ野生児というロマン主義的なイメージだった。

サスと親友は別々の大学に進んだ。サスはハーヴァード大学に入り、カリフォルニア大学バークレー校で心理学の博士号を取得、コーネル大学医療センター・ニューヨーク病院で臨床心理学のインターンシップを修了した。いっぽう親友は病気が悪化して大学を中退し、最後は自殺してしまった。このことがサスの心に深い傷を残す。

サスは発病後の親友ともときおり会っていた。あるとき彼を訪ねたら、母親の家のガレージでひたすら片足踊りをしていた。何週間も前からこの踊りにとりつかれていたようだ。だが踊って何かをするという目的があるわけではない。ふつうなら他人に披露したいとか、達成感を得たいといった自己愛を満たす欲求があるものだが、それも皆無だった。

「彼は極端なまでに、まさに狂気と言ってもいいほど自律を貫いていました。そんな生きかたが良いと言っているのではありません。ですが、そうした部分をありのまま認めないのは、自分の奥底にある倫理観や美意識に反しているし、理性でも納得できないのです。現象が持つ真の性質を、矛盾を抱えた複雑さも含めて認めることができなければ、科学的探究は失敗です」

統合失調症を、あれができない、これがなくなるといった障害だけで語るのではなく、もっと前向きに受けとめることをサスは主張している。彼の立場に共感する人は少なくない。「前向き」といっても、良い悪いの話ではない。文化の枠にはまらないことを敗北と見なすのではなく、統合失調症になった状態をまず認め、それを現象学的に理解するのである。

統合失調症を理解するひとつの方法としてサスが提唱するのが、モダニズムの美術や文学だ。ピカソのキュビスム、マルセル・デュシャンのダダイズム、ジョルジョ・デ・キリコやイヴ・タンギーのシュルレアリスム。フランツ・カフカ、ロベルト・ムージル、T・S・エリオット、ジェイムズ・ジョイス。彼らの作品からは、統合失調症にともなう経験が垣間見える。モダニズム、それにポストモダニズムの多彩な特徴を織りなす二種類の糸、それはサスの言う「超再帰性(hyperreflexivity)」、それに疎外だ。超再帰性とは、ある種の肥大した自己意識が、ふつうなら暗黙の経験媒体を取りだして、過剰な集中と注意の対象にしてしまうことをいう。サスはこう書いている。「モダニズムとポストモダニズムには、外的世界や……他の人間、さらには自分自身の感情を疑いもなく受容する無自覚かつ素朴な関わりの代わりに、ためらいと疎遠、分割もしくは倍加が染みこんでいる。そのなかで自我は、自然や社会との正常な関わりから解放され、それ自身、あるいは自身の経験そのものが目的となるのだ」

＊　＊　＊

ローリーは統合失調症と初めて遭遇したときの感覚をよく覚えている。それは二〇〇五年秋のガイフォークス・ナイトだった。一六〇五年一一月五日、ロンドンの上院爆破計画が発覚し、首謀者が捕らえられた事件を記念するイギリスの祭りだ。当時ローリーは一七歳、カンタベリーにある寄宿学校にいた。花火を見物して自室に戻り、椅子に座ったとき、奇妙な感覚を覚えた。まるで何かに外側から所有され、コントロールされているようだ。ローリーは何もできずにじっとしていた。二時間後、彼女はアートナイフで左手首に傷をつけ、そのままベッドに入った。翌朝、今度はもっと深く切った。出血が止まらない。「なぜかそれで現実に戻ったんです。あっ、自分の手を切っちゃったと」ローリーと友人はあわてて医務室に行った。

何かがおかしくなっているとはっきり自覚したのは、この夜が最初だった。だが振りかえると、数か月前から妙なことが起きていたと思いあたる。イギリスから出身国に強制退去になるという考えが頭から離れないのだ。もちろん、現実にはそんな心配はまったくない。その考えが浮かぶ回数はどんどん増え、いくら頭から追いだそうとしても消えない。ついには、「おまえがいなくなっても誰も悲しまない。おまえは役たたず、おまえは敗者だ」という言葉が、「外から聞こえてくる音」のように、頭のなかで繰りかえし響くようになった。

ローリーはそれから十数回手首を切った。二〇〇八年三月、そのころはまだ恋人だったピーターを両親に会わせるために、イギリス国外の旅に出た。ある夜、階下で二人きりになったとき、ローリーは手首の傷をピーターに見せた。

「なんてことだと言いました。言葉そのままです」とピーターは振りかえる。私たちはブリストルのパブ「壁の穴」で食事をしていた。

「ちがうわ。おお神さまと言ったのよ」ローリーが訂正する。

「そうかもね」ピーターは言った。

ピーターに自傷行為を打ちあけてまもなく、ローリーは声が聞こえるようになった。いつだったかはっきり覚えている——二〇〇八年五月だ。声の主はひとりだったか三人だったか、頭のなかで反響するからはっきりしない。イギリス風の発音で中年女性の声だった。彼女（たち）は、手首をもっと深く切れ、命を終わらせてしまえとローリーに語りかける。たまたまそれが二人称の呼びかけだったせいで、診断がつくのが遅くなってしまった。悪いのは、二〇世紀初頭から半ばにかけて活躍したドイツの精神科医クルト・シュナイダーだとローリーは主張する。シュナイダーは統合失調症診断の決め手になる一級症状を挙げているが、そのひとつが三人称幻聴、つまり患者について話す複数の声が聞こえるというものだ。ローリーにはほかにも当てはまる一級症状があった。自分のものでない考えが入ってくる思考吹込や、前ぶれもなくいきなり出てくる一次妄想（ローリーの場合は周囲への名状しがたい違和感）だ。にもかかわらず、担当した精神科医はシュナイダーの古い基準に固執して、二人称幻聴は統合失調症ではなく、精神病性うつ病の特徴だと判断したのである（現在では、統合失調症でも二人称幻聴が起きることがわかっている）。

このように症状にばらつきがあるせいで、統合失調症は診断が難しい。この病気の症状は大きく陽性症状（妄想や幻覚）、陰性症状（感情の鈍麻や平板化）、解体症状（意味のある話ができない）があるが、診断では他の病気の可能性を排除していった結果、ようやく統合失調症に落ちつくことが多い。ローリーも最初の診断名はうつ病で、次が境界性人格障害だった。そのあいだにも自殺企図はひどくなっていき、鎮痛薬のアセトアミノフェンを一度に八〇錠飲んで、二週間吐きつづけたこともあった。立体駐車場の屋上から飛びおりようとしたのはその直後だ。そのころになって、ようやく精神科医は統合失調症の診断を下した。

二〇〇九年に入ると、病状はますます重くなった。抗精神病薬の過剰摂取で死のうとしたこともある。自分がひとりの人間であるという感覚も危うくなった。「症状が激しかったころは、自分が崩れて、溶けていくような気がしました。自分のまとまりがなくなったんです」たとえば手を前に出すと、そのままどこまでも伸びていくような気がするのだ。「身体の自分や心の自分、あるいはその二つを合わせた自分が、外に浸みだしていくんです。椅子に座っていても、自分がほとんど透明だと思いました。もちろん実際に透きとおるわけじゃなくて、あくまでたとえですけど」

＊＊＊

ルイス・サスとコペンハーゲン大学の精神科医ヨーゼフ・パルナスは、統合失調症の診断が難しい理由はこの病気そのものにあると考える。これまで研究者は、統合失調症の「統一理論」を打ちたてようと苦心してきた。だが陽性症状、陰性症状、解体症状と多岐にわたる症状すべてをひとつのメカニズムで説明できるのか。統合失調症は、自分の土台が揺らいでいる、つまり自己感覚が攪乱されている状態ではないのか？

ドイツの精神科医カール・ヤスパースは統合失調症を説明するのに、*Ich Störungen* という表現を考えだした。文字どおり訳せば「自我攪乱」である。統合失調症の中核症状は、どれも自分と他者、自分と外界の境界が揺らいでいることを意味している。

統合失調症は、もっと根本的なところで自己が攪乱された結果起こるというのがサスとパルナスの考えだ。その背景には、エトムント・フッサール、マルティン・ハイデッガー、モーリス・メルロ゠ポンティ、ジャン゠ポール・サルトルに代表されるヨーロッパ現象学の長い伝統、すなわち「〈生きられた経験〉の探究」がある[*06]。患者本人のなまなましい体験を分析することで、サスとパルナスは、統合失調症は自己性の基本形が崩壊する病気ではないかという仮説に到達した。これを理解するには、自己を多層的なものととらえる必要がある。そこにはいまやすっかりおなじみのナラティブ・セルフ――私たちが自分（や他者）について語るストーリーの数々――もあれば、過去から未来へととぎれることなく続くアイデンティティも存在する。ストーリーの語り手はその都度出現するわけだが、それ以前から主体としての自己は存在していて、自らのさまざまな側面について省みることができる。この諸側面が客体としての自己を構成している（主体としての自己にとっては、ナラティブもその側面のひとつであり、客体ということになる）。サスとパルナスが注目するのは、主体としての自己だ。「いまこの瞬間、自分が存在していると感じる。自分が主体だという感覚がある。ここに向かって物事が起きていて、ここから行為がおよんでいくと感じられる」こと。それを彼らはイプサイティ（ipseity）と呼ぶ。*ipse*とは「自己」「それ自身」を意味するラテン語だ。

サスは文学作品の引用を即興的にちりばめながら、この概念についてさらに語っていく。「意志の決定はイプサイティから発せられ、知覚はイプサイティに向かっていく。自分がここにいる暗黙の感覚だが、直接それについて考えることはない。あくまで感覚であり、本質的に自覚の対象たりえない。意志が発せられるところも、知覚が到着するところも無ではないのか。そんな意見もあるだろう。ウィリアム・ジェイムズが言いたかったのも、おおむねそういうことだった」

自覚の対象たりえない……サスとパルナスによる統合失調症の解釈はここに鍵がある。解体症状も一種の超再帰性であり、尋常でない量の注意が、本来なら注意の対象にならずに存在している自己のいろんな側面に降りそそいでしまう。「自分の腕を動かすことと、腕の動きを注意の対象にすることは、微妙ではあるが現象学的には決定的なちがいがある。両者はまったく異なるものだ」

サスとパルナスは反論を覚悟のうえで、統合失調症にはもうひとつイプサイティの混乱が起きていると主張する。それが彼らのいう「自己情動の減少」、つまり自覚の主体として、物事がここに向かって起きているという感覚が弱まるのだ。サスは次のように書いている。「意識があり、体現された主体として自らの存在を経験することは最も根源的であり、どう言葉を尽くして説明しても、空虚に響くか、ただの反復で終わりかねない。そうした経験は、不在になったときに痛切に迫ってくる[*07]」

これを裏づけるのがローリーの証言だ。立体駐車場で自殺未遂を図ったとき、彼女はずっと強烈な虚無感を抱えていた。「そんなときは、自分の内側も外側もあまりにからっぽで、何の役にも立たないという考えで頭がいっぱいでした。役に立たない自分に何の価値がある？　死んだほうがましだと」

イプサイティが混乱すると、自分の存在の根本が侵食される。そこへ精神病がこれ幸いと入りこみ、根を伸ばし、成長して、妄想や幻覚といった奇妙な経験の種をまきちらすのだ。

＊＊＊

ソフィーも発病のごく初期の段階から、自分のかすかな変化に気づいていた。世界が粒子でできていて、ビルもひと吹きすれば飛びちってしまいそうだとフランス人の友人に話したことがある。「それなのに、どこでどう話が食いちがったのか。彼女が勘違いしたのか、教授にフランス語混じりの英語で伝えたときに誤解されたのか、いまとなってはわかりません。ともかく、私がビル爆破を計画していることにされてしまったんです」ソフィーは哲学科から締めだされ、大学に一歩でも足を踏みいれたら警察に逮捕されると警告を受けた。指導教官はソフィーに会うことを拒否して、目の前でドアを閉めた。最初は停学扱いだったが、一年半後に正式に放校が決まった。

ただこうなる前から、ソフィーは大学で行きづまっていた。思考は明晰だし、頭のなかで文章を完璧にまとめているのに、話すことができないのだ。何時間も言葉がまったく出てこないときもあった。博士課程の講義に出席するだけでなく、教員補助の仕事もあったので、これではとても務まらない。精神科の治療を受けるのも、経済的な理由でシカゴにある低所得者向けの病院に行くしかなかった。そこでの経験もソフィーに深い傷を残した。初診のとき対応した看護師は、付きそいの友人に言った。「正式な評価を下す立場じゃないけど、あなたの話からすると彼女はまちがいなくトウシツね」その言葉はソフィーの胸に突きささった。「本人がそこにいるのに」何年も前のことだが、ソフィーの声はまだ怒りに満ちていた。

ソフィーは簡素な病室に隔離された。まわりの病室も、薬物乱用など精神面に問題を持つ患者ばかりだった。彼らは廊下を歩きまわっては、叫んだりどなったりしている。そんな環境はソフィーを消耗させた。「心がかき乱されるんです。病気の母親のもとで育ち、そういう人の扱いは慣れていたはずなのに」扱いのあまりのひどさに友人が衝撃を受け、ソフィーは隔離病棟から出ることができた。

既往歴のない早期の精神病患者を対象にした治療プログラムがあることを知ったのは、ほんの偶然からだった。ソフィーが問いあわせると、すぐに返事があった。「明日の朝七時に来てください——そう言われました。親切で安心できる対応は、病院とは雲泥の差でした」ソフィーはプログラムに参加して集中的な治療を受けられることになった。だが週に何度も面談を繰りかえし、抗精神病薬を服用しているのに、ソフィーは自分が精神病であるという確信が持てなかった。それは皮肉なことに、哲学を学んだことも影響していた。母親の「理屈など通用せず、たくらみとか策略だらけだった」狂気に接していたためか、ソフィーは世界が実体のないものととらえていた。明確な境界線が溶解した、ぼんやりと形の定まらないものだったのだ。ソフィーには、そんな世界観が現実ばなれしているとはどうしても思えなかった。目の前にある物体も幻影だし、個人として認識できる人たちもどこか現実味が薄い。「それは哲学者が何世紀も前から疑問を持ち、思索してきたことだと感じたんです」ソフィーは言う。

そのあいだにも、病気はソフィーの存在のありかたをゆがめていった。内的世界と外的世界を隔てる仕切りが実感できなくなる。「とつぜん自分の内面がみんなにさらされているような気がしてきた」のだ。精神科医との面接では、ラジオなどから指令を受けるか、声が聞こえるかという質問をよくされた。ソフィーは指令もなければ声も聞こえなかったが、自分が精神病かどうか知りたい気持ちが抑えられなかった。やがて彼女は物を凝視して、意思疎通してくるかどうか確かめるようになり、さらには自分の思考にひたすら集中しはじめた。「これがまさに、ルイス［・サス］の言う自己意識の超再帰性です――自分の思考に集中すればするほど、思考が対象化してきて、そこに聴覚的な要素を聞きとるようになるんです」

病気はソフィーの身体認識も変えていった。「手が自分のものだと思えないんです。手が動いてから、それが自分の行動であり、自分が起こした行動だと理解するまで、一瞬空白ができるんでしょう」

いまも続いているのが、自己主体感の阻害だ。自己主体感とは、この行動は自分のものだと思えることで、自己感覚の重要な一部だ。水の入ったコップを持ちあげたとき、そうしているのは自分だと感じる。そんな当たり前のことさえ、わからなくなってしまうのか？　現実が歪曲《わいきょく》し、存在感を失うのはそのせいなのか？　その答えを探る試みは、フグとアブと眼球を使った一九世紀初頭の実験から始まった。

＊　＊　＊

目を左から右に、うしろから前に動かしたとき、見ている景色はどうなる？　視覚系が問題なく機能していれば、眼球が動いても目の前の光景は静止したままだ。では視野内で何かが動いたときは？　網膜が受けとる視覚情報を脳はどうやって区別しているのだろう？

一八二〇年代、スコットランドの神経学者チャールズ・ベルとチェコの生理学者ヤン・プルキンエは、それぞれ独自にこの疑問を解きあかそうとした[*08]。眼球を動かしたときに予測される像の動きを脳はキャンセルして、像を静止させる。眼球の運動を始めたのは自分だとわかっているからだ。けれども視野のなかで何かが動けば、キャンセルはされずに動きが知覚される。

一九五〇年、ドイツの動物学者エーリッヒ・フォン・ホルストと生物学者ホルスト・ミッテルステットは、ハナアブの頭を上下さかさまにねじるという風変わりな実験でこのことを確かめた[*09]。「ハナアブの頭部は柔軟性があり、縦軸を中心に一八〇度動かすことができる。こうすると二個の眼は上下が逆になる[*10]」するとハナアブは奇妙な行動をするようになった。暗闇ではふつうに動きまわるのに、明るいところでは時計回りや反時計回りにぐるぐる回り、適当な方向を選んだらひたすらそっちに進む。同じ年、神経生物学者ロジャー・スペリーも同じ趣旨の実験を行なっている。ヨリトフグ属のバンドテイル・パファーの左目を手術で一八〇度回転させ、右目を見えなくした（「身体が小さくて固く、うろこがなく、動きが鈍いので、手術をともなう実験にはもってこいだった」とスペリーは書いている）[*11]。手術から回復したパファーもまた、右もしくは左方向に円を描くようになった。

フォン・ホルストとミッテルステットは、ハナアブの行動を説明するのに「遠心性コピー」という言葉を考案した。スペリーは「随伴発射」という用語を使っているが、どちらも基本概念は同じだ。脳が動けという指令を出すとき、その信号のコピーが視覚中枢にも送られる。神経系はコピーをもとに予測される運動と実際の運動を比較して、比較結果をもとに動きを安定化させる。意図した方向に正確に動くための、ある種のフィードバック機構と言っていいだろう。しかし頭や眼が上下ひっくりかえると、フィードバックでエラーは修正されるどころか強化されるため、同じところをぐるぐる回ることになるのだ。

だが、それが統合失調症や精神病、自己の認識と何の関係があるのか。

一九七八年、サンフランシスコにある退役軍人病院のアーウィン・フェインバーグはこの問題に真正面から取りくんだ。それまでの研究で、少なくとも単純な動物では随伴信号、つまり脳が出す指令のコピーができることがわかった。この信号は自己と非自己の区別にも使われていたりするだろうか。腕が動いたのは当人が動かそうとした結果なのか、それとも外的要因で動いたのか、脳は随伴信号をもとに判別できるだろうか。

この疑問はさほど異端なものではない。フェインバーグがこの論文を発表する前に、カナダの神経外科医ワイルダー・ペンフィールドが自分の行なった一連の実験を報告している。てんかん治療の診査手術中に患者の運動皮質を刺激すると、腕が動いた。だが患者は、自分は腕を動かしていない、ペンフィールドがそうさせたのだと言いはった。患者にそのつもりがなかったのだから、運動指令は自らの意志で出されていないし、随伴信号もないはずだ。だから脳は、これは自己ではなく外からの作用によるものだと判断した。「こうした発射［もしくは信号］の主観的経験に対応するのが、意志もしくは意図の経験にほかならない」とフェインバーグの筆は雄弁に記している[*12]。

フェインバーグはさらに踏みこんだ。随伴信号が運動だけでなく思考にも及ぶとしたら？　それこそが、思考が他の誰でもない自分に属すると感じる仕組みではないだろうか。それも考えられなくはない。この「随伴発射」が機能不全になると幻聴が起こるのだろう。さらには統合失調症の奇妙な症状も、背後に随伴発射の機能不全があるとフェインバーグは考えた。ローリーやソフィーをはじめ多くの患者が経験する、自己と非自己の境界がぼやけるのもそのひとつだという。「随伴発射が、自己生成運動と環境主導運動の区別を可能にし、それによって自己と他者の区別に寄与するのであれば、随伴発射の障害が、統合失調症患者の訴える身体境界のゆがみを生みだしていてもおかしくない」とフェインバーグは書いている[*13]。

＊＊＊

ローリーはどん底だったとき、おまえは役立たずの敗者だという女性の声を週に数回は聞いた。そんなときは夫のピーターが見てもわかったという。「無表情になって、虚空をぼんやり見つめているんです。声に反応して、とつぜんしゃべりだすこともありました。ああ、声がしているんだとすぐわかりましたよ」

そのうちピーターは、ローリーを通じて声と交流するようになる。ローリーが声に敗者呼ばわりされると、ピーターは「どうしてそう思うの？」と質問する。すると「大学を卒業できなかったからだ」と声が答える。ピーターは、卒業できなかったんじゃなくて、病気を治すために一年間休学しているのだと指摘する。そんなやりとりが一時間、長いときは一時間半続いて、最後は声が消えていった。

深い内省と分析の人というのがローリーの印象だ。それゆえ自分の病気についてもいろいろ疑問を抱き、答えを求めようとする。私は狂っているの？　統合失調症を抱える大学生のころから、彼女は自分の内面に深く分けいり、それを何本ものレポートにまとめた。そのなかで彼女は、患者の話にもっと注意を向けてほしいと精神科医に呼びかけている。立体駐車場での自殺未遂のあともそうだった。ローリーは、駐車場から飛びおりようとしたときは自分が自分でなく、第三者の離れた視点で自分を眺めていたと精神科医に話した。ところが医者はローリーの説明を聞きながし、自分の不幸を語るのがずいぶん得意だねと皮肉った。あまりに無関心な態度に傷ついたローリーは、統合失調症の患者にしのびこむ不快な現実感をきちんと認めてほしいし、それが患者の孤独感をやわらげると訴える。

＊＊＊

統合失調症になると、なぜそんな苦痛に満ちた現実感が立ちはだかるのか。その説明として現在主流になっているのが、セルフチェック随伴発射だ。動物がこの仕組みを使って、自己と他者のさまざまな側面を区別していることは、ニューロン一個のレベルですでに確認されている。フタホシコオロギは耳がとても敏感だが、翅《はね》をこすりあわせて出す「鳴き声」の大きさは実に一〇〇デシベルにもなる。そんな大音量を出しながら、外部の音と区別がつくのかと思うが、その役目を担っているのが随伴発射介在ニューロン（ＣＤＩ）だ。ＣＤＩは翅を制御する運動ニューロンと同期しており、左右の翅が重なると発火する。さらにＣＤＩ発火に合わせて、音を処理する聴覚ニューロンが抑制される——つまりコオロギは鳴いているとき、自分の出す音が聞こえていないのだ。ＣＤＩが発火しておらず、随伴発射が起きていなければ、音は外部からやってくる非自己のものということなる[*14]。

コオロギだけではない。随伴発射を担当する単一のニューロンは、線虫、鳴鳥、さらにはサルの仲間のマーモセットでも確認されている。

統合失調症の諸症状は、脳の随伴発射が関係している――アーウィン・フェインバーグがこの説を提唱したのが一九七八年。それから一〇年もしないうちに、イギリスのハローにあるノースウィック・パーク病院にいた臨床心理学者クリス・フリスが、自己主体感の喚起を説明する「コンパレーター・モデル」を発表した。自分の行動に責任があるという感覚が自己主体感で、自己感覚の最も基本となる部分だ。統合失調症の一級症状（幻聴、思考吹込、行動がコントロールされているという被支配妄想）は、自己主体感の阻害が背景にあるとフリスは主張した。

フリスのコンパレーター・モデルはその後多少手が加えられるが、本質的なところは変わっていない。腕を動かそうと思うと、運動皮質が腕の筋肉に指令を送る。運動皮質は指令をコピーして脳の別の領域に送る。受けとった領域はそのコピーをもとに、腕の運動がもたらす感覚を予測する。また実際に腕が動けば、そこにも感覚が生じるはずだ（触覚、固有受容感覚、視覚など）。コンパレーターは実際の感覚と予測を突きあわせ、食いちがいがなければ、その行動を遂行したことになり、行動は自分のものという自己主体感が得られる。一致しないところがあれば、行動は別の誰かがやったことだと感じるのだ。

コンパレーター・モデルはなるほど理にかなっている。コオロギが自分の鳴き声を聞けなくなるように、自己生成した感覚に反応しないことが可能になる。少なくとも運動に関しては、脳が自己と非自己を区別する仕組みがあるという説明もできる。そして統合失調症になると、この仕組みが働かなくなることも確かめられている。

こそばゆい感覚を自前で引きおこすことは不可能に近い[*15]。クリス・フリスとサラ＝ジェーン・ブレイクモア、ダニエル・ウォルパートがその理由を突きとめた。健康な人が自分の左手を自分でさわったときと、実験者に触れられたときの脳の状態をくらべたところ、前者では二か所の領域が極端に不活発になっていた。自己生成された触覚への反応を脳が抑制していたのだ（だから自分でくすぐってもこそばゆくない）。小脳が自己生成運動の影響を予測することで、反応を抑えているらしい。

さらに研究チームは、幻聴や被支配妄想がある人でも同じ実験を行なった。すると左手をさわるのが自分でも他人でも、くすぐったいような気持ちよさを強烈に感じることがわかった[*16]。つまり統合失調症患者は、自分で自分をくすぐることができるのだ。ということは、自己生成行動と非自己行動の区別ができていないのではないか。

これを裏づける研究もある。サンフランシスコ退役軍人病院およびカリフォルニア大学サンフランシスコ校に所属するジュディス・フォードとダニエル・マサロンは、健康な人は自分が出す声への反応を抑制できることを示した。コオロギと同じだ。声を発する直前の脳波を調べると、声帯を震わせる指令のコピーが聴覚皮質に送られていることがうかがえた。そして声が出てから一〇〇ミリ秒後、聴覚皮質の活動を示すN1という脳波が静まった。予想された声と実際の声を比較して、自己生成の音だと判断した結果、聞かないことにしたのである。いっぽう外から入ってくる音ではN1に変化はない。つまりちゃんと聞こえていることになる。

ところが統合失調症になるとこの仕組みが阻害される。指令コピーのところがうまくいかないようだ[*17]。自分が声を出すときでもN1は抑制されない。外から聞こえる声と同じように聞こえるということだ（サスはこれも一種の超再帰性だと考える。通常ならなにげない経験で終わることまでも、外部の対象物だと受けとめる傾向のことだ）。となれば、コンパレーターの誤作動が、自己と非自己の境界をあいまいにさせると考えてもおかしくない。

＊＊＊

こうしてみると、統合失調症で起きる感覚のずれやゆがみがとても微妙なものだとわかる。手を動かすとき、私たちは二つの感覚を得る。この手は自分のものだという所有感、そして手を動かしているのは自分だという自己主体感だ。前章で見たように、身体完全同一性障害（ＢＩＩＤ）は、身体の一部の所有感喪失が引きおこしているらしい。統合失調症でも身体所有感覚は混乱するが、さらに自己主体感の低下を示す強力な証拠も出てきている。

二〇〇八年、ドイツのテュービンゲン大学の認知神経学者マティス・シノフジク、デュッセルドルフにあるハインリヒ＝ハイネ大学の哲学者ゴットフリート・フォスゲラウを中心とする研究チームは、さらに細かい話に踏みこんだ。自己主体感は、概念になっていない（つまり思考ではなく本能的な）「自己主体感覚」と、認知に関わる「自己主体判断」に分かれるというのだ［＊18］。自己主体感覚は、運動信号のコピーとコンパレーターが予測と実際の動きを照合して生みだすのに対し、自己主体判断は環境および自分の信念の認知的分析《ポストディクション》にもとづいている。「部屋にひとりでいたら、テーブルから何か落ちた。物がひとりでに落ちることはないと知っているから、自分が何かやったという運動信号的な感覚がなくても、落としたのは自分にちがいないと結論づけるのです」フォスゲラウは私の電話取材でそう話してくれた。

　こうした働きは、どれもまばたき一回ぐらいの短時間に起きている。それでも切りわけて調べることはできるのだ。統合失調症患者は自己主体感覚が持ちにくく、それを補うために自己主体判断に頼ろうとする［＊19］。後者のよりどころは、視覚フィードバックなどの外的要因なので、自分自身のことなのに、まるで外から経験したような感覚になるのだ。ここでも超再帰性が出現し、自分が存在している基本的な感覚が不在になる。両手を動かしたあと、その行動を始めたと実感するまで一瞬の空白ができるというソフィーの証言も、それで説明できそうだ。そのあいだに、この手は自分のものかと問いかけているのである。

　シノフジクらは、こうした研究結果はコンパレーター・モデルと矛盾しないどころか、「統合失調症におけるコンパレーター機能不全説を裏づけている」と考える［＊20］。コンパレーターがうまく働かないので、患者は外部環境の判断にすがって自己主体感を高めようとするのだ。

リモコンを手に持ってテレビの電源を入れても、統合失調症患者はそれが自分の起こした行動だと思えない。でもテレビはついている。だから患者は、誰かが自分にさせたのだと考える。ガイ・フォークス・ナイトで花火を見たあと手首を切ったローリーも、自分がやったとは思えなかった。「自分で決めたことに見えるけれど、自分の決断とか意志ではなかった。自己主体感の喪失と言われれば、そうです」

決めたのは自分ではないのだから、責任は別の誰かにあるはず。「意味を知りたいというのは自然な探求心でしょう。わが身に起こったことの説明がほしいと誰しも思うはず。だから敵がいるとか、陰謀だとかいったことになるのです」それが妄想にとりつかれるということだ。

統合失調症になると、自分の行動が外からコントロールされると感じ、妄想を抱くようになる。コンパレーター・モデルは、それを理解する手助けになる。自分が出した声も、別の誰かが話しているような気がする。では自分を含めて誰も話してないのに、声が聞こえるとしたら？

＊＊＊

ジュディス・フォードは幻聴の研究をもう一五年続けている。もともと加齢とアルツハイマー病が専門だったが、一九九〇年代後半に乗りかえた。最初のうちは、過去の研究のデータを分析して論文を書いていた。「子育て中だったのでちょうどよかったんです」やがて、患者に直接話を聞いて、ひとりひとりの経験に注目するべきだと思うようになる。微妙なちがいを見のがさないことが、幻聴の研究には必要なのだ。

フォードが話を聞いたある男性患者は、悪魔が話しかけてくると訴えていた。ところが抗精神病薬ジプレキサを服用しはじめると、話しかけるのは神になった。幻聴が消えたわけではなく、悪い幻聴が良い幻聴に転換したのである。

こうした実例に接して、フォードの研究は深みを増した。健康な人も幻聴が聞こえることがあるが、おおむね前向きな内容だし、声をコントロールできている節がある。統合失調症だとそうはいかない。患者の約七五パーセントに幻聴があるが、その声は真に迫っていて、「自分のものではないとはっきりわかる」という。内容も否定的で、自分や他人を傷つけろとか、さらには自殺や殺人まであおったりする。

他人への暴力をけしかける幻聴は、オーストラリアの作家でドキュメンタリー映画製作者、アン・デヴソンが書いた『心病むわが子』に活写されている。重い統合失調症になった一〇代の少年ジョナサンと、家族の苦難を描いた著作だ。ジョナサンは家出をしてはとつぜん帰宅することを繰りかえし、暴力をふるいそうな気配もあった。ジョナサンの保護観察官になったばかりのブレンダという女性が、彼に会いにきた場面がある。

ジョナサンは、海に面して置かれた大きなカウチに横になっていた。誰かの話を聞いているみたいに相槌を打つが、自分はしゃべらない。声が聞こえるのかとたずねると、ジョナサンはけげんな顔をして、「声なんかしない」と答えた。さらに何か話していたが、途中で声がとぎれる。ブレンダは前かがみになって、聞こえなかったわと言った。

「アンの声をそのまま言っただけだよ」ジョナサンはどなるように返した。

「アンの声？」

「ぼくを陥れようとしている。ぼくの頭のなかで」

「ジョナサン、あなたを陥れようなんてしてない。私はここにいるの。あなたの頭のなかじゃない」

ジョナサンは私を見た。鋭い視線をあちこちに飛ばす。矢のようなエネルギーが部屋全体に充満して、天井や壁にぶつかってはねかえる。私自身のエネルギーもかきみだされ、まるで電気ショックを受けているようだった。

「神があんたを殺すように言った。ブレンダも口をつぐまなければ殺せと」

ジョナサンは腕を振りまわしながら部屋を出た。数秒後に戻ってきて、私たちを見て何ごとかつぶやき、また出ていった。今度は戻ってこなかった[*21]。

ジョナサンの根深く複雑な幻聴を、脳の仕組みだけで説明できるものなのか。そんな疑問もあるが、それでも科学はやらねばならない。たとえば、この種の幻聴は誤知覚された内言語、もしくは自己にタグ付けされていない内言語ではないかとする説がある。内言語は誰もがおなじみのもので、要するに声にならないひとりごとだ。外には聞こえないが、自分のなかでは明快に響いている。音声未満のぼんやりしたもので経験されることもある（この文章を黙読しているときがまさにそうだ）。ただし幻聴となると、内言語のように意思が働いているわけではない。むしろ白日夢とか夢想のような、とりとめのない思考に近いとフォードは考える。なぜ私たちの精神は、幻聴の森へと迷いこんでしまうのか？

イェール大学のラルフ・ホフマンを中心とする研究チームは、統合失調症患者の脳では言語野と被殻が過剰接続になっていることを突きとめた[*22]。被殻とは脳の深部にあって、音声の意識的な知覚に関わっている領域だ。そのせいで言語野の活動が声として意識されるのだとホフマンは主張する。

ジュディス・フォードたちはこのテーマをさらに掘りさげるべく、幻聴のある統合失調症患者一八六人の脳をfMRIで六分間スキャンして、健康な人一七六人のデータと比較した。健康な人がfMRIの装置のなかでとくに何もせず、ぼんやりしているとき、脳は、次の領域が活発になっていた。

◎内側前頭前皮質…脳の休息時、つまりぼんやりしているときに活動するデフォルト・モード・

ネットワークの一部。自己参照的な精神活動（作業に集中していてふと我に返るような）とも強い関連がある。

◎ブローカ野……左半球の前側にあり、発話生成に関わっている。

◎被殻…………発話の意識的な知覚に関わる。

◎扁桃体………側頭葉の奥にしまいこまれていて、恐怖や脅威への反応に関わる。

◎海馬傍回……疑いを抱いたときに活発になる。

◎聴覚皮質……その名のとおり、聞くことに関わる。

幻聴がある人の脳は、これらの領域で過剰接続が見られた。内側前頭前皮質はブローカ野、被殻、聴覚皮質と、被殻は聴覚皮質と過剰接続になっていたのだ。フォードたちはこう推論する。健康な人がぼんやりと思いうかべるとりとめもない考えが、統合失調症では声になって聞こえてしまうのではないか？　幻聴が否定的な調子なのは、扁桃体と海馬傍回の過剰接続に原因があるのかもしれない。どちらも恐怖反応に関わるところなので、声が連想させる恐怖、不安、疑念が大きくふくらむのである。

この謎を解く最後の鍵がある。それは、幻聴が他人の声で聞こえるのはなぜかということだ。脳波を調べた研究では、統合失調症では随伴発射（遠心性コピー）の仕組みがうまく働いていないことがわかっている。そしてこのｆＭＲＩの研究では、幻聴のある人はブローカ野と聴覚皮質の接続が落ちていることが判明した[*23]。遠心性コピーが聴覚皮質に届きにくくなっているのだ。そのため、健康な人なら自分のものだと思える心の声も、患者には他人の声に聞こえるのだろう。

「幻聴の内容は［意志が働いた］内言語ではなく、自然発生的な思考だと私は考えます」とフォードは言った。それからしばらくして届いたメールで、いまは亡き母親との個人的な経験を教えてくれた。「ぼんやり考えていたことがまとまってくると、『あなた、がんばりすぎよ』という声が聞こえることがあります。それは母の声色、言葉づかい、感情そのものです。精神を病んでいたら、お墓に入っている母が話しかけたと思うのかもしれません」

統合失調症の人は、脳内ネットワークの過剰接続のせいで、ぼんやりとした思考も、悪意を感じさせるはっきりした声に変換される。しかも自己主体感が低下しているために、その声が他人のものに聞こえてしまうのだろう。

こうした不具合の根底にあるのが、最近支持を集めている「予測する脳」という考えかただ。自己主体感の生成も、脳の予測メカニズムが自己感覚構築に密接に関わっているひとつの例だろう。脳は全体がひとつの予測装置であり、自己主体感だけでなく、「自分が身体化されている感覚」をもたらす情動も生みだしているのかもしれない。そのあたりは次章以降でくわしく見ていくが、いま神経科学者は、離人症性障害、さらには自閉症のような複雑な障害もこの概念で理解できるのではないかと考えている。

自己主体感の阻害を実験で調べることはできても、それが引きおこすと思われるすべての症状を説明するのは難しい。統合失調症の症状はあまりに多様で、ときに当惑させられ、恐怖すら覚える。心理学者でセラピストのローレン・スレイターは、著書『わたしの国にようこそ――精神分裂病患者の心理世界』で、慢性期の統合失調症患者六名と最初に会ったときのことをこう記している。

モキシというあだ名で呼ばれるのはトラン。ココア色の肌をしたベトナム系で、戦後この国にやってきた。彼は一日中廊下にいて、見えないブッダに礼拝している。ひげがぼさぼさのジョゼフは、迷彩柄の軍用ヘルメットをかぶり、寝るときはいつも隣の枕にヘルメットを置いている。チャールズは四二歳、エイズで先は長くない。レニーはハーヴァード・ヤード公園で、すっぱだかで詩を朗読したことがある。ロバートは自分のまわりで果物が爆発しているそうだが、誰にも見えない。そして体重一六六キロのオスカーは、イギリス女王やクリッシー、お隣のシーズー犬にいつもフェラチオをしてもらっていると主張する[*24]。

* * *

これだけ多種多様な、しかも強烈な症状を目の当たりにすると、クリス・フリスの初代コンパレーター・モデル説のように、すべてを自己主体感の阻害だけで片づけるのは無理があるのではないか。実際、フリスがこの仮説を提唱したあとすぐ、他者の思考が頭に入りこむ感覚（思考吹込）はコンパレーター・モデルでは説明できないことが明らかになった。フリス本人もそれを認めている。むしろシノフジクとフォスゲラウらのように、自己主体感を感覚と判断に分けるモデルで説明するほうが合理的だ。思考吹込は自己主体判断が損なわれた結果だと彼らは考える。

どちらの説明にも納得できない研究者もいる。たとえばルイス・サスはこう主張する。統合失調症が基本的に自己の攪乱状態であることは、神経生物学的な所見からもうなずける。ただ疑問に思うのは、こうした脳の機能不全が統合失調症の原因だとする「唯物論的」仮説だ。健康な人でも、内省や瞑想を通じて自己の経験との関わりかたが変われば、そのときの脳には、統合失調症患者と同じような神経生物学的変化が起きているのだろうか？　そうなれば機能不全と病気は因果関係ではなく、相関関係ということになる。

ラルフ・ホフマンも同様だ。脳内の神経系の機能不全と、肉眼解剖学的変化は同時に確認されているが、それは統合失調症の原因なのだろうか。患者は発症に先だって、「社会的な相互作用、つまり仕事や学校から遠ざかって内に引きこもる」ことが多いが、それが作用した結果ではないのか。「思春期後半から成年期はじめの人がこの引きこもり状態になり、それが何年も続いたら……認知機能を高める刺激や、課題をこなす経験がまったくないと、脳はどうなってしまうのか？」とホフマンは語る。「いわゆる〈神経変性プロセス〉は、こうした引きこもりで生じることがあるかもしれない。私はそう考えています」

精神病の諸症状はすべて、自己と他者の相互作用の形をとっている。ホフマンが注目するのはそこだ。社会との有意義な関わりがなくなると、その隙間を精神病症状の体験が埋めようとするのではないかとホフマンは仮定する。「現実世界の意味、細かく決められた役割、能力を発揮できる場所との結びつきが消失すると、精神病症状がどんどん進出してきて、引きこもりに拍車がかかるのです。自己生成した経験が優勢になって、生成される時間も相対的に速くなる。精神、身体、脳の順番で衰弱するという従来の考えかたに反しますが」

それは、ナラティブ・セルフと主体としての自己（サスとパルナスのいう「イプサイティ」、ザハヴィのいう「極小自己《ミニマル・セルフ》」）が一方通行という考えかたにも挑戦する。主体としての自己が混乱すればナラティブ・セルフは阻害されるが、その逆もありうる。統合失調症が教えてくれるのは、自己主体感――健康なときは見向きもされない――は自己の一側面であり、客体としての自己を構成しているということ。どんなに病状が重くなっても、精神病を経験する「主体としての自己」は存在している。では「私」はいったい誰なのか、あるいは何なのか。

ただ患者にとっては、こんな哲学的な議論をされても慰めにはならない。ローリーやソフィーといった知的能力の高い患者ともなれば、病気に「気づいて」いることも重荷になる。自分が病気だとわかるときと、そうでないときがある人は、いつ自分が病気だと言えばいいのか。「過去の伝記的、意味論的、知覚的、身体的な記憶、そして世界がどんな感じだったかという記憶はちゃんと残っています」とソフィーは言う。「そんな「病気」前の人生と、いまの状況が分断されているのです」

このつらい状況には「二重帳簿」という名前がついている。二〇世紀はじめの精神医学で使われるようになった概念だが、ルイス・サスは、ソフィーをはじめとする患者との対話を通じてさらに磨きをかけている。患者は二種類、もしくはそれ以上の現実と付きあわなくてはならない。「ふつうの人には無縁の決断をつねに迫られているんです。何を優先させるのか？　どの現実を特別扱いするのか？　どの現実にもとづいて行動するのか？」厳しい選択の板ばさみになって、不活動状態に陥ることも少なくない。自身についての一貫したストーリー、つまりナラティブ・セルフがないと、人は活動できない。人間がその能力を発揮できるのも、ナラティブあればこそだ。

ローリーも、頭のなかで聞こえる声、妄想、外から受けとるメッセージは、変質した自己の産物だとわかっている。「ですがそれも悩ましいのです。わかっていなければ外の世界が怖いし、わかっていると自分自身が怖い」とローリーは打ちあける。「わかっていなければ、みんなが自分を追いかけるし、「自分の行動は」誰かのせいだと思う。でも、自分の頭のなかのことだとわかっているのも恐怖です。どっちも地獄なんです」

第5章

まるで夢のような私

自己の構築に果たす情動の役割

私たちは深い地下のどこから感情の色を取ってくるのか。
つまり、感情の迫真性とは何なのか。

ヴァージニア・ウルフ[*01]

私は自分にとって永遠の異邦人だ。

アルベール・カミュ[*02]

私のほうから会いに行くとニコラスに告げたのはよかったが、カナダは広大だった。サンフランシスコからボストンまで飛行機で六時間。そこからカナダのニューブランズウィック州セント・ジョンまで車で一〇時間。波の穏やかなファンディ湾をフェリーで横断し、ノヴァスコシア州に入るまで三時間。さらにキングストンまでは一時間ちょっとのドライブだ。二三歳のニコラスと婚約者はここに暮らしている。婚約者には、当時まだよちよち歩きの娘がいた。

フェリーを下船し、アナポリス川が刻んだ渓谷に沿ってハイウェイを上流へと向かう。六月後半、季節は初夏とあって緑豊かな田園風景が車窓を流れる。春の輝きをまとっていた大地は、たくましい生命力を爆発させようとしていた。沿道は紫色のルピナスが花ざかりだ。ハイウェイをおりて数分でキングストンに着き、めざす家が見つかった。二四時間営業のコンビニの裏に立つ白いアパートメントだ。ニコラスはすぐに出てきてくれた。

ちょっと意外だったのは、ニコラスがびっしりタトゥーを入れていたことだった。首がタトゥーで埋まっていて、ライトブルーのドレスシャツの下にTシャツを着ているみたいだ。袖も折りあげているが、右腕のひじから手先までは素肌がほとんど見えない。腕に彫られた精緻な鯉は、困難に打ちかつ象徴だ。手の甲の羅針盤は「人生の方向を見つける」、ダイヤモンドは「重圧に耐える」意味だという。「月並みだけどね」とニコラスも認めた。左手首にずらりと並ぶイニシャルは、里親家族のものだという。一六歳でリハビリを終えたニコラスを迎えいれてくれたのだ。里親と出会って、ニコラスは生まれて初めて自分の居場所を見つけることができた。いっしょに暮らしたのは三、四年と短かったが、「ふつうの子どもに近い経験ができた」という。

ニコラスが両手のこぶしをくっつけて見せてくれた。付け根の関節にひとつずつ文字が彫られていて、SINK（沈む）、SWIM（泳ぐ）と読めた。これも月並みだけど、と前置きしてニコラスが説明してくれた。「ぼくのような障害を持つ者は、これが基本というか、結局こういうことなんだ。良くなるために戦いつづけていれば、いつか楽になるかもしれない。さもないと……沈んでしまって……それ以上戦えなくなる」ニコラスは「沈む」がどういうことなのかさらに言葉を探した。「自殺かもしれないし、努力をやめるってだけかもしれない」

＊＊＊

ニコラスの最初の記憶は四歳のとき。妹が生まれたことを覚えている。両親と兄妹、四人の暮らしは幸福ではなかった。両親とも依存症だったのだ。アルコール依存症の父親は、建築現場で屋根ふきなどをしていた。母親は専業主婦だが酒が手ばなせず、オキシコンチンやディラウディッドといった鎮静剤に依存していた。ニコラスは三歳にならないとき、里親に一年間預けられたことがある。このときは裁判所の判断で両親のもとに返された。一年後に妹が生まれたが、状況は変わらなかった。両親は薬物を常用し、酒を飲み、けんかをする。親戚に子どもたちを預けて、何日か姿をくらますことさえあった。

とうとう両親は離婚して、母親が家を出た。「父は二日間酔いつぶれて、半分意識がない状態だった」という。児童福祉局は子どもたちの保護を決める。担当者が様子を見にやってきたとき、ニコラスは幼いながらも妹の面倒を見ようとしていた（「妹はまだほんとに小さかったから」）。シリアルを用意していたと本人は振りかえる。次にソーシャルワーカーが来たときは、ニコラスは台所のシンクに椅子を置き、そこに立って皿洗いをしていた。兄妹はそれから数年間、里親に育てられた。

ニコラスが九歳になったころ、兄妹は再婚していた母親に引きとられた。だが新しい父親になっても、生活は何も変わらなかった。母親と義父はコカインのような強い薬物にのめりこみ、しょっちゅうわめきちらしてけんかをした。二人とも薬物の影響で妄想がひどく、クスリを隠したとか、最後の一本を吸ったとかでおたがいをなじる。派手な立ちまわりは日常茶飯事だったが、なかでもニコラスの記憶に強烈に刻まれているできごとがある。真夜中もとうに過ぎたころ、両親の寝室から大声がして兄妹は目を覚ました。二人は部屋の前まで行ってみる。ニコラスは妹に待っているよう言って、ドアを開けた。義父が母親を突きとばし、その勢いで古いテレビがひっくりかえる光景が目に飛びこんできた。義父がなたを振りまわして、母親を追いかけたこともある。母親は寝室に逃げこみ、内側から鍵をかけた。「ほんとうに切りつけるつもりだったのか、ただの脅しかはわからない」とニコラスは言った。義父はクローゼットになたを振りおろし、ドアに刃がめりこんだ。

一家が住んでいたのは、ノヴァスコシア州ブリッジウォーターの高級住宅街だった。「二五万ドルもするような」家々が並び、庭の芝生はいつも手入れされている界隈だが、ニコラスの家だけ妙に小さくて目立っていた。低所得者向けにあっせんされた住宅だったのだ。子どもたちは家に閉じこめられ、母親と義父はごていねいにもすべての窓を毛布でふさいだ。

生後まもないころから育児放棄されていたニコラスは、母親と義父の虐待にも耐えなくてはならなかった。それは主に言葉や感情面の虐待だった。「あんたはどうしようもないバカだ。何ひとつまともにできないの？　その頭はどうかしてるの？　……そんな感じの、きつい言葉だ」とニコラスは振りかえる。たまにだが義父に叩かれることもあった。「めったになかったけどね。それだけは助かった。もしひどかったら、身体や心がどうなってたか。だからありがたいと思ってる」

ニコラスが一〇歳か一一歳のとき、一過性の解離症状がみられるようになった。一回が一〇秒程度の短いものだ。スクールバスの車内、学校で国歌を歌っているときなど、状況はまちまちだった。「身体とのつながりが完全になくなる感じ。その一〇秒のあいだは、話はもちろん何もできないんだ」

一二歳のとき、事件が起きた。ニコラスと妹が寝室にいたら、台所で悲鳴がした。叔母の声だ。母親と台所でコカインをやっていたようだが、ニコラスはよく覚えていない。台所の床に母親が倒れて口から泡を吹き、痙攣していた。心臓発作を起こしたのだ。倒れるとき食器棚に頭をぶつけたらしく、血が出ていた。やってきた義父が急いで母親の身体を横向きにしたおかげで、嘔吐物で窒息せずにすんだ。ニコラスには決定的な瞬間だった。「［母親のほうに］三、四歩近づいたのを覚えている。そのときすべてが変わった。目が覚めている状態から、とつぜん夢を見ているようになったんだ。すべてにもやがかかって、場違いというか、見慣れない感じがした」

それから四年間は霧のなかだった。自分自身はもちろん、自分の身体や、まわりのものまで、すべてが現実でない感じがする。悪い夢がずっと続いているようだった。

＊＊＊

ドイツの精神科医ヴィルヘルム・グリージンガーは、一八四五年に出版した著書のなかで一通の手紙を紹介している。それはフランスの精神科医ジャン゠エティエンヌ・ドミニク・エスキロールが、ある患者から受けとったものだ。

見まわすと幸福で快適な人生の条件は整っているにもかかわらず、私のなかでは楽しんだり感動したりする力が抜けおちており、もはや不可能なことになっています。子どもたちをやさしくなでているときでさえ、苦々しい気持ちしか湧いてきません。唇にキスをしても、あいだに何かはさまっているようです。いまいましいものが、人生の喜びを私から遠ざけています。私の存在は不完全なのです……自分の感覚や自分自身の各部分が切りはなされて、感情を呼びおこすことができなくなっています……息を吸っても、空気が体内に入っていく感じがありません……目でものを見て、頭でそれを受けとめても、そこから生まれるはずの感情が完全に不在なのです[*03]。

エスキロールはこうした患者をほかにも見たことがあった。「外の世界のこと、つまり自分が聞いたり、見たり、触れたりすることが、深淵で隔てられているようだと彼らは言う……昔の自分とは別の人間だと。物が実在として感じられず、自分が現実の自分と重ならない。ぶあつい雲やベールがあいだにはさまって、物事の特徴や状態がちがって見えてしまう[*04]」

これが「離人症」と呼ばれるものだ。離人症という用語は一八九〇年代、フランスの心理学者ルドヴィック・デュガが「精神活動に付随するはずの感情や感覚が不在の状態」を表わすのに初めて使った[*05]。デュガがこの言葉を知ったのは、スイスの哲学者アンリ＝フレデリック・アミエルの没後に出版された『日記（*Journal Intime*）』だった。「存在は墓の向こう側、もうひとつの世界にあるようなものだと思っている。あらゆるものが私には異質だ。言ってみれば、私は自分の身体と個性の外側にいる。切りはなされ、分離した離人状態だ。これは狂気なのだろうか？[*06]」

二〇世紀ドイツの精神科医カール・ヤスパースは、離人感覚を明快に描写している。

知覚、身体感覚、記憶、観念、思考、感情など、精神にたちのぼってくるものは、かならず私のもの、という様相を帯びている。言いかえれば「私ならでは」、「私個人の所属」、私がやっていることだという確信で、それは個人化と呼ばれてきた……対して、これら精神的明示が自分のものではなく、どこか知らないところから自動的に、無関係にやってきたと感じることを離人化と呼ぶ[*07]。

一過性の離人症は、重大な危機に対応するための進化の産物だという考えがある。一九七〇年代半ば、アイオワ大学医学部のラッセル・ノイエス・ジュニアとロイ・クレッティは、学生新聞に「生命の危機に直面した体験談募集」の広告を出し、集まった六一人にインタビューを行なった。たとえば二四歳の青年は、雨に濡れた道路をフォルクスワーゲンで走っていたところ、カーブで車が横すべりして反対車線に飛びだしたという。「車がスピンしているあいだ、まるでマリファナをやっているときのようにリラックスしていました。危ないということは頭になかった。完全に抜けおちていたんです。現実というか、この世界から外に足を踏みだしたような浮遊感がありました。シートに座っている自分の身体、それに呼吸する空気が、どこか別の状態に入りこんでいくのを感じました[*08]」

こうしたインタビューから、ノイエスとクレッティは次のように結論づけた。「離人症は極度の危険とそれにともなう不安からの防衛作用という解釈は避けられないと思われる……生命が脅かされたとき、人間は起きている状況を観察して、確実に危険を取りのぞこうとする。解離は重要な適応機制だが、そのことを際だたせるのが離人症なのだ[*09]」

離人症が進化による適応であり、神経生物学的な仕組みとして存在するのだとすれば、そうなる可能性はすべての人に潜んでいることになる。また離人症になりやすい人、そうでない人がいるのも納得できる。その傾向のことを素因と呼ぼう。「生まれか育ちか」の生まれのほうだ。もちろん環境（育ち）が果たす役割も大きい。ニコラスのように、虐待によるトラウマが離人症を引きおこすこともあるし、薬物が関わることもある。

＊＊＊

サラは小柄でほっそりした三〇代はじめの女性だ。銀縁の眼鏡をかけ、精力的で、ニューヨークでネット企業を立ちあげていた[＊10]。彼女のオフィスで待ちあわせた私たちは、近くのカフェに場所を移した。本人がいまだに理解できないでいる、ある体験について語ってもらうためだ。「一体全体、何があったというの？」サラの言葉づかいはちょっと大仰だった。

つい三週間前、サラはイースト・ヴィレッジの友人の家に遊びに行った。土曜日の夜だ。友人は気晴らしにマリファナを吸う習慣があり、サラも付きあった。とはいえサラが過去にマリファナを吸った回数は、両手で足りるほどだった。日曜の朝、友人がアデロールを試してみないかと言いだした。アデロールは注意欠陥多動性障害（ＡＤＨＤ）の治療薬として処方されることが多いが、ハイテクベンチャー企業で働く人たちが、集中力を高め、仕事の効率を上げるために使うこともある。サラの友人は大学生で、勉強を長時間続けたいときに飲んでいた。サラは初めてだったので、一錠を半分に割って友人と飲んだ。刺激系の薬物体験はそれだけでは終わらなかった。夜にはまたマリファナを吸い、水たばこを試し、酒も飲んだ。

月曜の朝、サラは少し頭がぼんやりしていた。「週末に遊びまくったあとは、だるく感じるでしょう？　だから気にしてなかったわ」

火曜は午前六時からヨガのレッスンがあった。ぼんやりして、地に足のついていない感じはまだ続いている。「夢を見ているみたいだった。私ってほんとに生きてるの？　と思ったくらい」それでも職場では予定どおり人に会い、電話をかけ、会議に出席した。

水曜の朝になっても、気分はすっきりしないどころかますます悪くなっていた。サラは泣きながら、「私、死んじゃったの？　これは死んだ私が外から見ているの？」と悩んだ。「ここから抜けださなくちゃ。でも何が何だかわからない――もうパニックでした。見ること聞くことが何も信じられないのがつらかった」

自分自身と、自分が置かれた環境への疑念がどうしてもぬぐえない。夢のなかにいる感じがずっと続く。仕事の約束でミッドタウンに行く電車に乗ったときは、ほかの乗客を眺めては「彼らはほんとうにここにいるの？　私はここに存在しているの？」といらだちを募らせた。

水曜の夜――その日は新月だった――、サラは子どものときからの習慣で、自由主義ユダヤ教のシナゴーグに祈りに行った。途中で舗道に出ているタコススタンドに寄って注文したとき、タコスは出てこないという強烈な確信を感じた。「タコスを注文したことは現実じゃないんだもの。これは夢であって、私はここから目覚めるんだから」でもタコスはすぐに手わたされた。「ワオ、私は生きてるんだわ！」サラの口から思わずそんな言葉がもれた。

サラの行動は、心理学でいう「現実検討」だったと思われる。客観的な現実への自覚はあるものの、主観的な現実感覚が混乱しているために、両者の折りあいをつけようとする。だが、タコスを手に入れたことによる現実確認は一瞬で終わった。シナゴーグでの礼拝中、サラは不安でたまらず、存在の確証を求める自問自答が頭のなかに渦巻いていた。自分自身とのつながりが感じられなかったのだ。礼拝が終わると、サラは誰とも目を合わせずにシナゴーグを出た。そして一目散に帰宅すると、またさめざめと泣いた。「私は死んでる。私はもう完全に死んでしまった」

木曜にサラは診療看護師に電話で相談した。「薬物はもうとっくに排出されてますよ」看護師はそう言い、水をたくさん飲んで休むように助言した。金曜の朝、私もよく知っている共通の友人がサラに会いにきた。その人の顔を見るなり、サラは思わず口ばしった。「私、死んでるかも」二人は相談して、近所の救急病院に行くことにした。ここからわずか六ブロックの距離だ。道を歩きながら、そして病院に着いてからも、サラはずっと泣いていた。「すごくおかしな泣きかただった」と本人は振りかえる。

「私、ほんとに生きてる？　私はここにいるの？　あなたはいまここにいる？」サラがそうたずねるたびに、友人は「だいじょうぶ、生きてるよ」と答えた。診察した医師は、最後に摂取してから時間がたっていることに首をかしげながらも、薬物の影響と判断した。そして抗不安薬のアチバンを処方して帰宅させた。

サラの非現実感は消えなかった。ふわふわ浮いているようでよりどころがなく、すべてが夢のようだとわかりやすい言葉で表現してくれた。三週間後の自分がどうなっているのか見当もつかない。時間がたつのを待つしかないのか。

サラはマッサージを受けることにした。その女性マッサージ師は「エナジーヒーラー」でもあるという。サラはマッサージ師に自分の状況を説明し、「なんだか訳がわからない」と訴えた。するとマッサージ師は、「私もそうなることがあるわ。うまくやりすごす方法を身につけたほうがいい」と力づけてくれた。彼女によると、エネルギーは人体の頭頂部から出たり入ったりする。瓶のふたを閉めるような動作で、エネルギーの流れを止めなくてはならない。藁《わら》にもすがる思いのサラは素直に信じた。マッサージ師は実際的な助言もしてくれた。「ヨガをやりなさい。自分の身体に感覚を戻していくの。足踏み運動もやってみて。自分の身体を感じられることを何でも試してみるのよ。そうすればきっとよくなる」

少しだけ光が見えてきたような気がした。ヨガは六年前から毎朝続けているけれど、もっとがんばってみよう。マッサージを受けた翌日、サラは思いきって二時間ぶっとおしでヨガをやった。

「クラスが終わって帰ろうとしたら、先生にあなたは残ってと呼びとめられたの。どうせ夢うつつだし、ほかにすることもないし。そう思ってヨガを続けたら、いい感じだった」

そこからは順調に回復した。私がサラに会ったのは、奇妙な感覚が始まってからおよそ三週間後だったが、このときは完全によくなっていた。

＊＊＊

「自分の身体に感覚を戻していくの。足踏み運動もやってみて。自分の身体を感じられることを何でも試してみるのよ……」

神経科学者は眉をひそめるかもしれないが、マッサージ師の言葉はつかみどころがないようでいて、鋭いところを突いている。神経科学における自己の概念も、解きほぐしてみれば同じこと。身体の外側や内側で体現された感覚が、「自分が誰か」を構成する重要な側面になっているのだ。

身体は自己感覚の屋台骨である。この考えを強く押しだしているのが、神経科学者アントニオ・ダマシオだ。彼は最新の著作『自己が心にやってくる――意識ある脳の構築』でこう書いている。「本書ではさまざまな考えを紹介しているが、やはり中心になるのは、意識ある精神（conscious mind）の根底を身体が支えているという概念だ[*11]」自己が出現してこそ、意識ある精神が成立するとダマシオは考える。出発点は、脳内で形成される心的イメージだ。それは意識的自覚のなかに存在するイメージではなく、神経回路の活動パターンのこと。神経回路は、活動パターンに従ってひとつの決まった状態に着地する。その状態が一個の心的イメージに相当し、心的イメージの連続が精神ということになる。この段階では、まだ意識云々の話ではない。たしかに、脳の活動の大部分が意識下で行なわれていることはよく知られている――私たちはそれに気づいていないし、気づくことも決してない。

脳の基本的な仕事は、生命体がつつがなく食べたり飲んだり、動いたり眠ったりできるよう気をつけることだ。生命体が生きていられるのは、体内の生化学的状態が許容範囲におさまっているあいだだけで、その状態を保とうとする働きが恒常性《ホメオスタシス》である（アメリカの生理学者ウォルター・キャノンが、ギリシャ語から命名した[*12]）。たとえば爬虫類のような変温動物は、周辺温度がそのまま体温になる。だから暖かい場所でないと活動できない。対して哺乳類や鳥類のような恒温動物は、体温がほぼ一定に保たれている。そのため寒い場所で活動するときはたくさん食べてエネルギーを産生するし、余った熱は発汗で放出する。

脳は恒常性を保つ仕事をそれはみごとにこなしている。だが脳も生命体の一部だ。人形師が糸でパペットを操っているのとは訳がちがう。脳が職務を果たすには追跡活動が欠かせない。体内や外環境で起きていること、さらに脳自身の内部の状況を表象に描きだし、地図にしていくのである。神経回路の活動パターンが地図であり、この地図が精神（まだ無意識）の中身ということになる。

ダマシオ理論の次の段階は、彼の言う「原自己（protoself）」の出現だ。原自己とは、「自己になることを予兆するもの」である[*13]。原自己は、内臓など変化の少ない状態の心的イメージで構成される。活動パターンを地図にして、心的イメージを生みだすのは、脳幹上部だとダマシオは考える。脳幹上部は、地図に描く身体の各部分と密接につながっていて、その双方向の作用を「断ちきるのは脳が病気になるか、死んだときだけ」だという[*14]。

原自己にはもうひとつ、「原初感情（promordial feelings）」の生成という重要な働きがある。原初感情は、「自分の生きた身体を、言葉抜きで、ありのままに、身体の存在以外の何物ともつながることなく経験すること」を可能にする[*15]。ダマシオ理論においては、原初感情は「身体の最新状態を反映している」という[*16]。

原自己の最上位を構成しているのは、「中核自己（core self）」だ。これは脳内表象で構成されていて、対象との相互作用が原自己とどんな関係にあるかを把握する。脳内表象は、原自己に起きた変化と、その結果生じた原初感情をも映しだす。たとえば原自己がヘビに出くわしたとする。両者の相互作用を表象したものが中核自己であり、そこには身体に起きる変化（私なら怖くて腰をぬかす）も含まれている。

私たちが「自己」と呼ぶものは、進化の歴史のなかで中核自己が出現したことで生まれた。ダマシオはそう考える。中核自己は主観の先駆けなのだ（ただしダマシオは、ニューロンの活動が主観を紡ぎだす過程を充分に説明できているわけではない——それは意識をめぐる最大の難問なので、無理からぬ話ではある）。中核自己はいまの瞬間を生きている——原自己と対象との相互作用、それにともなう原自己と原初感情の変化を描く心的イメージの連続だ。人間に中核自己があるのなら、ほかにも中核自己を持つ動物だっているだろう。つまり人間も動物も、主観的経験の瞬間の連なりに気づきを得ているということだ。

脳がさらに進化を遂げ、自伝的記憶を発達させたところで、「自伝的自己（autobiographical self）」という新しい段階に入る。自伝的記憶をグループ分けしてひとつの対象にまとめる（この対象をストーリーと考えてもいい）回路が脳内に存在するというのがダマシオの仮説だ。対象が原自己と相互に関わり、それによって原自己が変化していった結果、主観の瞬間が誕生した。だがこの主観的経験は身体だけでなく、もっと複雑な人格を扱っている。高速で次々と流れていく主観の瞬間が、すなわち自伝的自己だ。こうして完全な形でできあがった自己は、その人の人格の基礎になる。

ダマシオ理論が全面的に認められるかどうかはともかく、自己の出現に身体が中心的な役割を果たしているという考えは、神経科学者のあいだで支持を得ている。その役割が顕著なのは情動と感情だ。ダマシオによれば、自己の始まりは原初感情――脳幹上部、島皮質、体性感覚皮質で表象される身体の状態――であり、それがより複雑な情動と感情の基礎単位になっている。

もうひとつダマシオが提唱するのが、「仮想身体ループ」だ。これは大まかにいえば、脳が身体の状態をシミュレートする能力ということだが、なぜ脳はそんなことをしたがるのだろう？　予測される状態をシミュレートしておけば、身体の生理的状態をすばやく制御できて、エネルギーが節約できる。脳は効率も威力も上がるのだ。脳が運動指令の遠心性コピーをつくって結果を予測し、準備するという考えかたに似ていなくもない。

身体と原初感情が自己感覚の基礎を形づくっているとすれば、身体との一体感がなくなったり、情動的感情が鈍化したりする離人症性障害は、自己意識の根本が機能していないことになる。キングズ・カレッジ・ロンドンの離人症性障害研究ユニットに属するマウリシオ・シエラとアンソニー・デヴィッドは、「自己意識が言語以前の最も深いレベルで広く阻害された状態（つまりひとつのまとまりであるとか、ここに存在しているという実感が持てない）」だと表現している[*17]。

離人症性障害になると、次のような症状が現われる。

①身体的な実感の喪失。自分の身体から離れたり、つながりを失ったと感じる。
②主観的情動の麻痺。情動がなくなり、感情移入ができなくなる。
③主観的想起の異常。個人的な情報を思いだしたり、何かを想像するときに、それが自分のことだと思えない。
④現実感の喪失。周囲から距離ができたり、切りはなされているように感じる。[*18]

＊＊＊

離人症性障害の患者は、自らの経験を言葉にしたり、比喩で説明するのに苦心する。前に出てきたニコラスも、「あの断ちきられた感じを表現するのは難しい。肉体としての身体が自分でないというか」

体外離脱体験とも似ているようだが、離人症性障害を背景とした身体感覚の断絶と、体外離脱体験には相違点がいくつかある（くわしくは次章で述べる）。体外離脱では外から自分の身体を眺める視点移動がよく見られるが、離人症性障害では起こらない。そのため自己を身体につなぎとめておく神経機構は働いていると推測される[*19]。つまり自分は身体のなかに留まっているのに、身体と一体化している感覚が持てないということだ。

ニコラスの離人症が慢性化したのは一二歳ごろで、このときは四年も続いた。「あの年齢でそういうことになって、助けを求められないのが最悪だった」両親、教師、友人の誰にも相談できなかったし、妹は幼くて理解できなかった。

住まいを転々としていたことも災いした。母親と義父が薬物乱用と養育放棄で逮捕されたあと、ニコラスと妹は養護施設や里親のもとで生活した。そしてニコラスが一三、四歳のころ（記憶の時系列があいまいなのも離人症のせいらしい）、里親のところから逃げだし、実の父親に引きとられることになった。母親から実父の悪口をさんざん聞かされていたので、どんな人物なのか興味はあった。実父は四年の服役を終えたばかりで、タトゥーを入れていた。ニコラスのように色をたくさん使ったものではなく、受刑者によく見られる青みがかった黒一色のやつだ。刑務所では筋肉増強にも励んだらしく、「体重が九〇キロぐらいありそうで、まるでボディビルダーだった」という。

実父との新生活も悲惨なものだった。実父の義理の父親もいっしょに暮らしていて、二人とも薬物にふけり、ニコラスは放置だった。義祖父（ほかに適切な呼びかたがない）は酒を買ってきてはニコラスに飲ませた。ニコラスは一四歳にして酒におぼれ、マリファナなどの薬物を常習し、モルヒネの静脈注射までやるようになっていた。ニコラスの危機的な状況が明るみになったのは、前の里親の通報があったからだった。

ニコラスの婚約者であるジャスミンは、彼が更生施設に連れていかれた日のことを話してくれた。ノヴァスコシア州リヴァプールのダウンタウンにいたら、友人が「ニックが捕まった！」と叫びながら走ってきた。一週間前に知りあったばかりなのに、もうムショにブチこまれるなんて。けれどもニコラスが連れていかれたのはムショではなかった。地域の公共サービス局が矯正のためにニコラスを連行したのだ。最初はトゥルーロという町にある管理の厳しい治療施設で解毒治療を一か月、それからニューブランズウィック州サセックスのリハビリセンターで九か月過ごした。そのあいだに離人症性障害も寛解して、症状がなくなった。

リハビリを終えたニコラスは、タミーとデイヴという三〇代の若い夫婦に引きとられた。タミーに話を聞くと、ニコラスは言葉づかいがきちんとした感じのいい少年で、夫婦はいっぺんに好きになったという。

「彼に恋したと言ってもいいくらいです」タミーは私にそう話した。「あとで難しい問題も出てきましたが、私たちは実の子どものように彼を愛していました」とはいえニコラスの抱える問題は深刻だった。いつも不安でいっぱいで、眠るとき以外はひとりになるのをいやがり、大きな建物を怖がった。「ウォルマートとか行けないんです。建物や雰囲気がだめみたいで、車からおりることができませんでした」

タミーは、ニコラスが対人関係もうまく築けないことに気づいた。「誰かと新しく知りあったとき、相手が感じている気持ちはわかるのに、自分は何も感じないというのです。そしてそのことに傷ついている様子でした」ニコラスが大喜びするのを見たことがないとタミーは振りかえる。「幸せだと思っても、舞いあがったりしないんです」

何があってもタミーとデイヴは平然と受けとめてくれる。それはニコラスにはかけがえのない経験だった。「二人はほんとうの子どもみたいに接してくれた。それはとても大きかった。二人と暮らしたのは三、四年ぐらいだったけど、そのあいだにぼくは責任と義務を学んだ……それまで教わってこなかったことだ」ニコラスは車の運転を覚えて免許を取り、学校に入りなおして学位を取得した。タトゥーを入れだしたのもそのころだ。タミーたちは最初いい顔をしなかったが、手首に自分たちのイニシャルが入ったのを見たときは最高にうれしかったという。

離人症性障害の寛解はあっけなく訪れた。といっても生活がふつうに戻るだけで、お祝いの爆竹が鳴らされるわけでもない。「離人症の記憶は薄れて遠いものになってる」とニコラスは言った。薬物は一度手を出してしまったものの、きっぱり縁を切った。煙草もやめて、激しい運動に熱中し、生きるのはそんなに悪くないと思えるようになった。「いま振りかえると、あの三年間が人生最高の時間だった」とニコラスは話す。

ニコラスは弁護士の助けを借りて、地域サービス局に残る自分のファイルを閲覧することができた。そこには診断された病名が並んでいた。「離人症性障害、強迫性障害、全般性不安障害、あと反抗挑戦性障害っていうのもあったな」

だが寛解期は長くは続かなかった。コールセンターで働くようになったある日、ニコラスはカフェインとタウリンがたっぷり入ったエナジードリンク、それもラージ缶を飲んで激しいパニック発作になった。その後も発作は頻繁に起こる。「回数が増えて、しかも強烈になった。発作の最中は、このまま死ぬんじゃないかと思うほどだ」さらに悪いことに、忘れていたはずの離人症まで再発した。

「離人症になると、ごく簡単なことも奇妙に感じる」とニコラスは言う。「意識が過剰になってしまうんだ。手を握って広げる。歩きながら腕を振る。もっというなら、歩くことそのものが知らないことに思える。自分がやっている実感が持てない。誰か別の人間に命令しているみたいだ」（統合失調症のソフィーとローリーも同じような体験をしている。統合失調症では、急性期の前駆症状として離人症が見られる。）

そのころニコラスはジャスミンとつきあうようになった。当初の関係はかなりぎくしゃくしたものだった。ニコラスは思いやりがないし、気持ちがこっちに向いていないとジャスミンに非難された。よそよそしくて、ほかのことで頭がいっぱいに見えるのだ。ニコラスは時間をかけて彼女に説明した。自分にそんなつもりはなくて、離人症がそうさせている。自分は何に対しても感情が麻痺しているのだと。

二人が婚約したあとも、ニコラスの無感情は変わらなかった。「まるで婚約者じゃないみたいなんだ。もちろん彼女は婚約者だし、ぼくは彼女を愛してる。でも自分が知っている人に思えない。知ってる人みたいだけど誰だかわからない。そんな奇妙な感じだ。同じ病気の人たちにこの話をしてみたら、やっぱり相手を愛していて、そのことも自分でわかっているのに、その人が他人みたいに思えるって言ってた。つながった感じが持てないんだ」

やがてジャスミンとのあいだに娘が誕生した。ニコラスは出産に立ちあって、わが子がこの世界にやってくるのを見守っていた。「このときを心待ちにしていた。人生の大事件だ。娘が生まれたとき、そのことを心から感じてぼくは泣いた。気持ちが湧きおこってきたんだ。一回きりでも、そういう経験ができてうれしかった。それから娘を育てるなかでいろんなことが起きたし、友人の死もあったけど、どれも気持ちが高まらないままだった。だけど娘の誕生だけは、なぜか例外だった」

＊＊＊

離人症性障害における情動の鈍化には矛盾がある。ニコラスの話でわかるように、真に迫った感情が出てこないのは明らかだ。そのいっぽうで患者は、落ちこんだり、パニックになったりという感情はちゃんと経験している。

ブライトン・アンド・サセックス・メディカルスクールで神経精神医学を研究するニック・メド

フォードは、こうした矛盾の例を教えてくれた。ある女性患者の隣に住む一家を悲劇が襲い、小さい子どもが悲惨な事故で死んでしまった。『なんてひどいこと。かわいそうに』と思うのがふつうなのに、自分は何も感じないと彼女は言います。ですが彼女は、自分が何も感じないことに心を乱しているのです」

別の患者はメドフォードにこう言った。「私にはまったく感情がない——それが悲しくて」「矛盾してますよね」メドフォードは言う。「ですが患者の話を分析すると、内面に苦悩や動揺を抱えるいっぽう、外部への情動反応性がなくなっていることがわかります」

離人症性障害になると、情動が抑えこまれ、身体感覚や現実感覚が変質する。これはまちがいない。脳が身体の状態を感じとる仕組みがどこかでおかしくなっているのだ。また自己反芻（self-rumination）にも陥りやすい——変質した状態にばかり思考が向かい、外界への注意が極端に減るのだ（外的自覚と内的自覚にはそれぞれネットワークがあって、逆相関になっているというスティーヴン・ローレイズの説を思いだしてほしい）。自己反芻は「世界が遠く離れた非現実な感覚」を生みだす一因かもしれない[*20]。

離人症性障害に関する著作を二冊出版しているジェフ・エイブゲルは、私にニコラスを紹介してくれた人でもあり、自己反芻のこともよく知っている。一〇代後半から一過的な離人症を何度も経験してきたエイブゲルは、「自分の人生を構成する精神的な要素が、ほぼすべて消えたように感じる」と言った。「あとに残るのは、自分の何がおかしいのか答えを見つけようとするノンストップの衝動だけです。いったいどうした？　なんでこんな感覚なのか？　何が起こっている？　そんなことを全身全霊で考えているんです」

どうやら非現実感の原因に考えが集中しすぎた結果、苦悩と不幸を抱えこむようだ。さらには情動的感情をどう生成し、自己感覚をどうつなぎとめるかというところにも、非現実感が抜きがたく根をおろしている。

メドフォードを中心とする研究グループは、離人症性障害の患者に楽観的、悲観的、どちらでもないという三種類の写真を見せて情動反応を調べてみた。情動システムが正常に働いている人では、写真の種類ごとに異なる脳の領域が活発になる。情動をかきたてる写真を見たときに活発になる場所のひとつが、島皮質だ。ダマシオの『自己が心にやってくる』には、島皮質は「考えられるすべての感情」と関係があると書かれている[*21]。「好きな音楽や嫌いな音楽を耳にしたとき、エロティックなものも含めて大好きな絵を見たとき、不快な写真が目に入ったとき、ワインを飲んだとき、セックスのとき、薬物でハイになっているとき、逆に薬物で気持ちが落ちこんで殻に閉じこもっているときなど――幅広い刺激が誘発する、情動にともなう感情から、快楽や苦痛に反応して起きる感情まですべてだ」（第1章に登場した、認知症でコタール症候群を発症していた六五歳の女性も左右の島皮質が萎縮しており、身体感覚が混乱していた。）メドフォードらの実験では、嫌悪感をかきたてる写真を見たとき、離人症性障害の患者は左前島皮質の活動が明らかに落ちていた。「何らかの理由で情動回路、情動反応のスイッチが切られているようです」とメドフォードは私に話してくれた。

このスイッチは脳のほかの場所にもある。離人症性障害との関わりがよく指摘される領域に、腹外側前頭前皮質（ＶＬＰＦＣ）がある――情動をトップダウンで制御するところだ。メドフォードらの研究（離人症性障害の患者一四人を対象とした大規模なものだ）では、患者は健康な人とくらべてこのＶＬＰＦＣが過活動になっていた。どうやらそれが情動反応を抑制しているらしい。

メドフォードたちはさらに一歩踏みこんだ実験も行なった。離人症性障害にはこれといった治療薬はないのだが、抗てんかん薬であるラモトリギンで改善したという報告がある。メドフォードの研究に参加した一四人のうち一〇人は、四～八か月ラモトリギンを服用したあと、再度脳スキャンを受けることに同意した。症状がやわらいだ人もいれば、変化なしの人もいたが、軽快した人は左前島皮質が活発になり、ＶＬＰＦＣはおとなしくなっていた[*22]。ラモトリギン服用前の本人の状態とくらべても、また服用で変化がなかった患者と比較しても明らかに差があったのだ。「ですが改善しなかった人は、島皮質の神経反応は悪いままでした」とメドフォードは言う。

左前島皮質は、身体の内側（内受容性）と外側（外受容性）から入ってくる刺激を統合する。そのため主体的な身体感覚をつくりだし、さらには自己感覚にも重要な役割を果たしていると考えられる。神経解剖学者で、島皮質の先駆的研究で知られるバド・クレイグは、左前島皮質が「知覚される自己」の神経基質を供給していると考える。ただしアントニオ・ダマシオは、身体状態の表象には脳幹も重要な役割を果たすと異論を唱える。

離人症性障害では、ＶＬＰＦＣの過活動が左前島皮質を「スイッチオフ」していると考えてよさそうだが、それは意識的に行なわれているわけではない。メドフォードは「意志に関係なくスイッチが切れるんです」と話す。

そうだとすれば、意識的に制御できない自律神経系の反応からスイッチオフが確認できるのでは？　まさにそのとおりで、不快な刺激を受けたときの手の皮膚コンダクタンス反応を調べると、離人症性障害の患者は反応がきわめて小さかった。「思わず接続を確認するほどです。それだけ反応が薄いんです。健康な人ではそんなことはまずありません」

離人症性障害になると、自分のことが知らない他人に思えてくるし、情動を感じる能力も低下する。このことは、「私は誰？」という謎にどんな手がかりを与えてくれるのか。それは、自己をつくりあげるうえで「いちばん重要なのは物理的な感覚と内部感覚」だということ。メドフォードはそう話す。「感情は体性感覚情報で構築されるという、ダマシオ的観念ですよ」

ダマシオの理論は、元をたどれば一八八〇年代後半に活躍したアメリカの哲学者・心理学者であるウィリアム・ジェイムズまでさかのぼる。彼は情動と感情について、こんな問いかけで疑問を投げかけた。熊に遭遇した人は、怖いから逃げるのか、それとも逃げたから怖くなるのか？

＊＊＊

「財産をなくしたから悲しくて泣く。熊に遭遇したから怖くなって逃げる。ライバルに侮辱されたから、腹が立って殴りかかる。ふつうに考えればそうなる[*23]」ウィリアム・ジェイムズは一八八四年の論文「情動とは何か」でそう書いている。だがほんとうは順序が逆であるとして、ジェイムズは自説を展開する。「泣くから悲しくなり、殴りかかるから腹が立ち、身体が震えるから怖くなるのだ。泣いたり、殴りかかったり、震えたりするのは、悲しいから、腹が立ったから、怖いからではない[*24]」

現代の神経科学では、情動と感情は次のように定義されている。まず情動とは、刺激に反応して起きる身体の生理学的状態だ。心拍数や血圧、身体の動き(脅威に反応して凍りつく、逃げだす)、さらにはそのときの認知(思考が冴えているか、鈍っているか)まで含まれる。対して感情は、脳と身体をひっくるめて起きている情動の主観的知覚だ。

感じるのが先、行動はあと。ジェイムズが論文を発表した当時はそれが常識だった。たとえばヘビに出くわしたら、まず怖いと思う(ヘビが平気な人は別だが)。それが引き金となって、逃げだすとか、凍りつくといった行動が現われるというわけだ。

だが、情動と感情の関係は長らく誤解されていたとジェイムズは主張する。両者はむしろ逆なのだと。ジェイムズのいう「情動(emotion)」は、現代の神経科学とぴったり一致するわけではないものの、その主張はおおむね認められている。先に情動が出現して、あとからそれを感じるのだ。

同じころデンマークの生理学者カール・ランゲも、ジェイムズとはまったく別にほぼ同一の説を発表していた。そのためこの学説は二人の名をとってジェイムズ゠ランゲ説と呼ばれている。これに納得しなかったのが、「恒常性《ホメオスタシス》」「闘争・逃走反応」など生理学に新たな用語や表現を数多く持ちこんだ大御所ウォルター・キャノンだ。エピネフリン（アドレナリン）を注射すると、情動的な喚起によく似た変化が起きるが、本人はかならずしも感情を覚えるわけではない[*25]。つまり身体状態が変化しても、感情に至らないことがある。これは情動が感情を誘発するというジェイムズ＝ランゲ説に反するのではないか。

キャノンが学界で絶対的な地位にあったせいで、ジェイムズ＝ランゲ説が注目されることはなかった。ところが一九六〇年代に入り、アメリカの心理学者スタンレー・シャクターとジェローム・シンガーが、ジェイムズ＝ランゲ説に手を加えた独自の学説を提唱し、あざやかな手法の実験で証明してみせた。シャクターとシンガーは、「サプロキシン」が視覚におよぼす影響を調べる名目で被験者を募った。だがサプロキシンは架空の薬で、実際に注射するのはエピネフリンもしくはプラシーボの生理食塩水だ。被験者は三つのグループに分けられ、それぞれ投与時の対応を次のように変えた。

①正確な副作用（心臓がドキドキして、手が震え、顔が赤らんで熱くなる）を伝える。
②うその副作用（かゆみ、足の無感覚、頭痛）を伝える。
③何も言わない。

実験にはさらにひねりが加えられた。注射がすんで作用が現われるのを待っていると、やはりサクラの一人が部屋に入ってきて、上機嫌に浮かれたり、怒りを爆発させる。実はこれは「サクラ」の演技。被験者の感じかたが、その場の状況《コンテクスト》に影響を受けるかどうか確かめる工夫だ。

一連の実験から重要なことが明らかになった。結果をまとめるとこうなる――感情（怒りや幸福感）は、身体の生理学的状態だけでなく、認知コンテクストにも左右されている。被験者は認知コンテクストを頼りに、身体の情動的状態を「評価」していた。注射が引きおこす生理的変化の認知的解釈は、サクラのふるまいや、副作用の説明に影響されつつ、被験者が最終的に感じたり、経験したりする内容に関わっていく。「認知は情動形成に不可欠の要素だと思われる」シャクターとシンガーはそう記している[*26]。

その後追跡実験が山ほど行なわれたが、シャクターとシンガーの結果を再現できなかったものもあり、決定的な結論には至っていない。それでも、感情とは情動を評価した結果であり、その評価はコンテクストの影響を受けるという基本路線は揺らいでいない。

全身のベータ受容体に干渉して、エピネフリン（アドレナリン）の影響を打ちけすベータ遮断薬を使った実験からも、興味ぶかい知見が得られている。ベータ遮断薬は、身体の喚起状態の情報が中枢神経系に届くのを阻止するため、不安がやわらぐ[*27]。「喚起状態の合図がなくなったせいで、情動経験の強度が下がるのだ」心理学者ジェイムズ・レアードは著書『フィーリングズ――自己の知覚』で書いている[*28]。

シャクターとシンガーを追跡する実験結果にばらつきがある理由は、つまるところ個人差だ。身体の内側から生まれる内受容感覚の能力差が考慮されていない。レアードはそう考える[*29]。

それでもシャクターとシンガーが提唱する情動二要因説(身体状態に関するボトムアップ情報と、そのトップダウン評価の統合)は、研究者のあいだで強く支持されている。

ダマシオおよび彼を支持する研究者たちは、情動と認知は双方向に作用しあうと二〇年前から主張してきた。認知コンテクストが身体の情動状態の評価を左右する半面、その結果生まれる感情や認知もまた、情動状態に影響を受けるというのだ。

サセックス大学サックラー意識科学センターの共同ディレクター、アニル・セスは、脳と情動について考える良い方法があると主張する——それは認知と生理の垣根を取りはらうことだ。セスが基本にしているのは、脳が予測装置であるという近年一般的になってきた概念だ。とりわけ外部から信号が入ってくるとき、私たちが知覚するのは信号の原因についての脳の予測だ。セスはこれを身体からの内的信号にも拡大すれば、離人症性障害といった病気を解明したり、自己感覚の身体的側面を理解するのに役だつと考える。

＊＊＊

身体とつながっている感覚がどれほど重要か、ニコラスは痛いほどわかっている。「離人症になって、自分の肉体とつながっていないと感じるまで、人としての自分の核なんて意識したこともなかった。自分が経験したからってわけじゃないけど、肉体と精神が切りはなされたと感じ、それをたえず認識していなければならないのは、人間にとって最大の恐怖だと思う。まるで生きながら食われているようだ」

ニコラスは離人症のことをかかりつけの医師に相談していた。ニコラスに取材の同意をもらったあと、私は医師とも電話で話した。その女性医師は、ニコラスの不安をやわらげる治療は効果があったけれど、離人症性障害のほうは改善が見られないと話してくれた。側頭葉てんかんが原因の可能性もあるので、専門の神経科医も紹介した。いまは受診の順番待ちだ。ニコラスがひとりで病気に向きあう状況は変わらなかった。

ニコラスのアパートの居間にギターが置いてあった。いま練習中だという。ほんとうはドラムをやりたいのだが、アパートでは禁止されているのだ。早く一軒家に引っ越して、思いきり叩きたいと言った。ドラムに熱中しているあいだは、離人症を忘れられるのだという。「両手と両足を総動員するから、全神経を集中させなくちゃならない。それが救いなんだ」

私はニック・メドフォードから聞いた男性患者の話を思いだした。彼はロンドン在住で、アマチュアながらテニスの腕は相当なものだったが、離人症性障害のせいで競技から離れていた。「私はもう一度テニスをやるよう説得しました。それは、病気への対応策で唯一効果があるものでした」とメドフォードは振りかえる。「コートを走りまわり、ゲームの流れに没頭しているあいだは、［離人症が］出ないんです。テニスをやめれば元どおりなんですが、それでも本人には大発見でした。病気が絶対不変ではなく、変えられるものだとわかったからです」

ニコラスもドラムを叩いているあいだは症状がやわらぐが、それも一時的でしかないという。気分がいいと思った瞬間、病気が戻ってくるのだ。「矛盾してるよ。気分がよくなったと気づいたら症状が出てくるんだ」

このように離人症性障害の症状は複雑だ。これもまた、予測する脳が誤作動した結果なのだろうか？

＊＊＊

ちょっとここで、脳の立場になってみよう。脳は刻々と変化しながら流れこんでくる感覚刺激をもとに、現実世界の様子を導きださねばならない。感覚刺激は身体の動きによって調節もされている。脳はそうした刺激をどうやって知覚に変えているのか？

一九世紀ドイツの生理学者ヘルマン・フォン・ヘルムホルツは、脳は刺激の原因を推理しているのではないかと考えた。いま風の言いかたをするなら、脳はベイズ推定装置ということになる[＊30]。「ベイズ推定」とは、一八世紀イギリスの数学者で牧師でもあるトマス・ベイズが提唱した定理に由来する。事象Qが起きたときに事象Pが起きる条件付き確率と、事象Pが起きたときの事象Qが起きる条件付き確率の関連を示すものだ[*31]。この定理はベイジアン・ネットワークに活用されて現代の人工知能システムを支えている。たとえば医療の分野では、ベイジアン・ネットワークが病気の診断に使われる。症状と検査結果を入力すると、さまざまな原因の確率をはじきだし、最も可能性が高い病気を見つけてくれるのだ。

たとえばエボラウイルスの検査で陽性が出たとしよう。ただしこの検査、一〇回に一回は誤った結果になる。この場合、ほんとうに感染している確率は？　直感で答えれば九〇パーセントとなりそうだが、それはまちがい。確率は検査をどこで受けたかで変わってくる。エボラ出血熱が蔓延している国だと、過去に発生例のない国よりも条件付き確率は高くなる。

脳がやっているのも、理論的には同じようなことだ。脳は、感覚刺激の考えられる原因について事前信念を持っており、それにもとづいて最も可能性が高いものを計算する。最後まで勝ちのこった予測が知覚として立ちあがってくるわけだ。これが一度きりではなく、えんえんと繰りかえされる。脳は身体と世界の内部モデルを使って、入ってきそうな感覚刺激を予測する。それが実際の刺激とちがっていれば「予測エラー」となり、脳は事前信念の内容を更新することで、次に同じ刺激が来たときに正確に予測できる（知覚できる）ようにする。

ベイズ推定を用いる「予測コーディング」モデルは、もっぱら外受容の説明に応用されてきた。身体の外から入ってくる刺激をどう理解するかということだ。内受容にも知覚が関わっているが、こちらは体内からの信号がある。脳が身体状態を知りたいのは、生化学的な安全地帯から出ていないか、もしそうなら生存に最適な生理的状態に戻す必要があるかどうか確かめる必要があるからだ。予測コーディングは体内信号にも使えるというのがアニル・セスの主張だ。「これも知覚プロセスのひとつです」とセスは私に言った。

セスの主張は情動と感情に関わってくる。情動の二要因説では、神経を通って脳に入ってくる情報の統合が必須となる。それによって身体の生理的状態をすばやく把握し、認知解釈を行なうことで、情動が生まれる。だが予測コーディングでは、認知と生理の線引きがなくなっている。脳内には、入ってきた情報を統合して知覚を生みだす特別な場所はなく、ただひたすら予測が行なわれている――私たちが知覚し、感じることは、つねに信号の原因を探る脳の予測なのだ。

この緻密な概念は、随伴発射やコンパレーターと同じ思考から発展したものだ。両者は、脳が自己主体感を生みだす仕組みと、さらには統合失調症の症状の説明にも用いられてきた。そしていま、脳のあらゆる働きや役割に予測コーディングが当てはまることが明らかになりつつある。

脳内の予測コーディングにはいろんなレベルがあるとセスは考える。最も下位にあるのが、身体からの感覚信号の原因を予測するもの。ここでの予測が、次のレベルへのインプット、つまり入力信号になる。脳の構造にも適合した階層化モデルだ。「私たちが感じる主観的情動は、「外から入ってくる」内受容情報をすべてのレベルで説明する、脳にとって渾身の予測結果です。生理的状態を上から眺め、それを解釈しようとするただの認知とはちがいます」とセスは強調した。

予測コーディングは脳と指令伝達の仕組みについて考える新たな枠組みであり、内受容と外受容、情動と感情も説明できる可能性を持っている。さまざまな精神病理が、元をたどれば予測コーディングの不具合にあることもわかってくるかもしれない。次章で取りあげるが、自閉症のように症状が複雑かつ変化に富んだ障害にも、予測コーディングモデルが応用されつつある。だが「危険もあります」とセスは釘を刺す。「すべてを説明できるものは、何も説明できないのです」

予測コーディングについては、直接的な証拠がないと批判される。だが矛盾しない証拠ならある。たとえば、随伴発射／コンパレーターに関する研究は、脳の予測メカニズムの状況証拠と見なしてよいだろう。また側頭葉と前頭葉の下に埋もれている島皮質が、内受容信号のトップダウン予測と、実際に入ってくる信号（予測エラーの情報を含む）の比較に関わっているらしいことがわかってきた。

こうした状況証拠をとりあえずは受けいれつつも、精神病理の観点からは大きな疑問が残る。それは、予測エラーが起きるとどうなるのかということだ。脳が各レベルでモデル化した内容が正しくなかったわけである。予測エラーが発生したとき、脳の選択肢は二つある。入ってきた感覚刺激に合わせてモデルを更新するか、何らかの行動を起こして身体を望ましい状態に持っていくか。後者が恒常性の基本となる仕組みだ（冷たい海に長いあいだ入っていると、身体が冷えてくる。脳が設定する内臓温度を下まわると、衝動的に暖かいところに戻ろうとする）。

この理論に従うならば、予測エラーを最小化することは脳の重要な役割だろう。それが自己感覚にも重要な意味を持ってくる。自分の身体から出る信号について考えてみよう。脳が予測したモデルが正確で、実際の内受容信号と一致していれば、身体化ができている、つまり自分の身体と情動がちゃんと自分に属していると感じられる[*32]。予測と実際の一致が、身体とそれに関連する情動に「自己」のタグをつけ、不一致が「非自己」のタグをつけるのだ。情動を鮮烈に覚え、それが自分のものだと実感できるかどうかは、脳の内受容予測の正確さと、予測エラーの最小化にかかっている。

だが、身体の内部モデルに誤りがあったり、比較を行なう神経回路に不具合が生じたりして、エラーが頻発するようなことになったら？（予測コーディングモデルや内受容推定モデルの鍵となる島皮質は、離人症性障害に関わる脳の領域のひとつでもある。）

あくまで推測だと前置きしたうえで、セスはこうしたエラーが解離を引きおこすのではないかと言う。自分の身体と情動に現実感が失われ、身体が分離したり、自分自身が他人みたいな感覚に襲われるのだ。エラーに見舞われている脳が、それでもがんばって予測を行なった結果、内受容信号の発信源は自己ではなく非自己だと仮定するのだろうか。

これまで見てきた病気はどれもそうだが、離人症性障害でも「私」は破壊されていない。主観――主体としての自己――は健在で、自己の他の面との隔絶をひしひしと感じている。情動と感情が鈍化して、身体化されている感覚が持てなくなっていることへの気づきがあるのだ。情動と感情はもちろん自己感覚と不可分だが、主体としての自己を構成しているわけではない。これは哲学的に興味をそそられる問題だ。「私」は超然とすべてを見わたし、じっと観察しているのである。

ニコラスは一歳と一か月になる娘を腕に抱いてあやし、キスをしている。自分は子ども時代がなかったけれど、ぜったいに同じ思いはさせないからね。そう言っているようだ。

お父さんとは連絡をとってるの？　私はたずねた。

「いや、もう話もしてない。一年ぐらい前に連絡をやめたんだ」

何かきっかけが？

ニコラスは言葉に詰まった。

気持ちが落ちつかないなら、無理に話さなくていいよ。

それでもニコラスは話してくれた。父親と暮らしていたのは一〇年ほど前で、そのころの父親は盛りあがった筋肉にタトゥーを入れ、「顔もいかつくて……まるで犯罪者だった」という。その後父親は西部のアルバータ州に移り、さらに強い薬物にはまった。ノヴァスコシア州に戻ってきたときは三〇キロも体重が落ちて、身体がすっかりしぼんでいた。顔もしょぼくれて、アルコール依存症特有の赤い鼻をしていた。「手のほどこしようのない、クズみたいな人間になっていた」

事態はさらに悪化した。ニコラスの父親からの通報で警察が駆けつけると、アパートの部屋で二二歳の男が死んでいた。ニコラスが親しくしていた友人のひとりだ。鎮痛薬メサドンの過剰摂取が原因だった。父親は処方薬の違法販売で捕まったものの、証拠不十分で不起訴になった。それからまもなく、父親は死んだ男の恋人だった一八歳の女の子とつきあうようになった。

「テレビの暴露番組みたいだったよ」とニコラスは皮肉を吐いた。

数か月後、この話は悲惨な結末を迎えた。アパートの部屋で意識不明になっている女の子が発見され、病院に運ばれたが二日後に死亡した。処方薬の過剰摂取が原因だったらしい。

父親は飲酒運転で捕まり、刑務所に入った。

ニコラスの母親は長年におよぶ薬物乱用がたたったのか、幻聴と妄想に苦しんでいる。若いころはほっそりしたブロンド美人だったが、おそらく服用している薬のせいで体重が激増した。ニコラスはたまに会いに行くが、母親は顔と胴まわりにでっぷり肉がつき、実年齢より老けて見えるという。「母と息子って感じじゃないね。そんな関係は一度だってなかった」

ご両親がこんなことになって悲しい気持ちはある？

「それはあるよ。でも離人症があるから、つながっている感じはしない。悲しいのに、自分の気持ちだと思えないんだ。他人の身の上話を聞いて悲しくなっているみたいだ」

苦労してきたね。

「そう思う。ずっと他人の人生を眺めてる感じで、地獄のようだった。これが自分の人生だと実感したかった」

こんなにつらいことだらけでも？

「そう。人生に折りあいをつけたかったんだ。わが身に起こったことだと思えなければ、折りあいもつけられない」

それから他愛もない話が続いた。水槽に飼っている大きなフトアゴヒゲトカゲのこと。私がサンフランシスコから来たということで、ゴールデンゲート・ブリッジの話題にもなった。ニコラスと婚約者のジャスミンは、カリフォルニアと聞いただけでうっとりしている。ここも美しいところじゃないか。私の言葉にジャスミンが反論した。「生まれてからずっと住んでたら、そんなにいいところには思えないわ」

ジャスミンの言葉は、離人症性障害にも通じるものがあった。継ぎ目も切れ目もなく自分の身体とひとつになっていて、生き生きした情動を自分のものと感じられる者は、自己と言われてもピンとこないかもしれない。自分の全存在と密接につながっているありがたみがわからないのだ。

第6章

自己が踏みだす小さな一歩

自己の発達について自閉症が教えてくれること

自閉症者は四角い杭だ。四角い杭を丸い穴に打ちこむのは大変だし、何より杭が壊れる。

ポール・コリンズ[＊01]

私はぼやけた存在。みんなの目に私は見えない。そう、そういうこと。私からすれば世界のほうが閉じてるの。

アン・ネズベット[＊02]

ジェイムズは三四歳のときアスペルガーと診断された。最初のやりとりで私が「アスペルガー症候群」と言ったら、彼は気を悪くした様子もなく、穏やかにこう訂正した。「ぼくはただの純粋なアスペルガー――人為的に構成された症候群でも、障害でも、病気でも、欠点でもない」

診断は心理学者との二回の面談で確定した。二度目の面談では妹も呼ばれて、幼少期のことを聞かれた。このときジェイムズは、当時のとらえかたが妹とまるでちがうことを知り、衝撃を受けた。妹は、ジェイムズが遊んでくれたことが一度もないと話した。おたがい遊び相手がいないときでもそうだった。妹は遊んでほしかったのに、ジェイムズにはそれがわからなかった。「妹が寂しがるかもなんて思ったこともなかった。自分は寂しいなんて思わないのに、妹だって寂しいはずがない」ジェイムズはひとりで本を読むのが好きだった。事実とデータにしか興味がない彼が読むのは、ナポレオン戦争といった戦記物が中心だ。子ども向けの物語が好みの妹とは、そこでも妹と話が合わなかった。「物語なんて耐えられない。あんなものを読みたい気持ちが理解できない」

ジェイムズが育ったのはオーストラリア、メルボルンの西の郊外だった。両親はべたべたした愛情表現をするタイプではなく、それがジェイムズにはありがたかった。「冷淡だったり、放置されたりしたわけじゃない。妹もふつうに育ったし」ジェイムズは、さわられるのも、抱きしめられるのも嫌いだった。それでも母方の親戚づきあいは問題なかった。みんな田舎で農業をしていて、「かまってこなかったから。近い距離で話をする必要もなかったし、抱きしめようともしなかった」

厄介なのは父方だった。日曜になると、家族は父方の祖母の家を訪問する。そこでは祖母や、ときに大叔母も待ちかまえていて、ジェイムズを抱きしめ、キスの雨を降らせる。「キスされたときの、じっとりぬるぬるした感触ほど気持ち悪いものはなかった」とジェイムズは振りかえる。「腕に抱きしめられるのもいやだった。檻に閉じこめられる感じがした」

世間がこうあるべきと決める生きかたは、自分という人間になじまない。そのことに気づきはじめたのは、二〇代になってかなりたったころだった。たとえば彼女をつくること。周囲からの圧力を感じて努力してみたものの、ジェイムズには苦行だった。「一週間誰とも口をきかずに過ごせるやつがいいなんて女の子、どれぐらいいる？　そんなのつきあってるって言わないし」ジェイムズは私にそう言った。さわられるのがきらいな性格も災いした。性的なことも周到な準備が必要だった。「深い関係に進むのも、この日のこの時間と設定されていればかまわない。ベッドに入って、やるべきことをやる。終わったらもう二度と触られたくない」

ジェイムズは恋人を求めていないだけで、人間関係を否定しているわけではなかった。「孤独が必要だし、孤独を楽しんでいるから、彼女がいなくてもちっとも悲しくないし、落ちこんだりもしない。プラトニックな関係が自分には合ってる。良いことばかりで、悪いことはほとんどない」

ジェイムズは友人との気楽なつきあいでもやらかすことがある。「笑うようなところじゃないのに笑ってしまうとか」あるとき友人たちと映画を見た。ある場面で、本筋とは無関係の何かに気づいたジェイムズは、おかしくなって笑いだした。館内は微妙な空気になる。映画が「シンドラーのリスト」だったからだ。友人たちは、ユダヤ人が連行されるのがおもしろいのかといぶかったが、そうではない。ジェイムズは話とはまったく別の、些細なことに興味が集中していたのだ。

映画にかぎらず、ジェイムズには世界はこんな風に見えているという。それを説明するために、彼はふたたび「シンドラーのリスト」を例に出した。この映画はほとんどが白黒だが、主人公のオスカー・シンドラーが幼い少女を見かける場面があり、そこでは少女のコートだけ赤くなっている。しばらくして荷車で運ばれていく死体の山が映しだされ、そこに赤いコートが混じっている。観客の注意は、赤い色に一気に引きつけられるはずだ。「ぼくの見えかたが、ちょうどこんな感じだ。何かが強調されていて、それを追いまわしてしまう。特定のことになぜこれほど関心を向けてしまうのか、自分ではわからない」

正式な診断を受けるずっと前から（本人は診断という言葉を毛嫌いしている。「まるで自分に問題があるようだ」というのだが、そのわりに精神科医の仕事は高く評価する）、ジェイムズは自分がなぜちがうのか懸命に考えてきた。人とまじわると不安になり、暗い気持ちになる。いまだに他人と接するとまちがいなく不安に襲われる。ただ、内省的な性格のおかげで自分自身をじっくり見つめることができたし、周囲の期待という重荷も捨てることができた。「みんながこうあるべきだと思う自分が、ほんとうの自分だと誤解していた。まわりはぼくのことなんてわかってないのに」

ジェイムズは自分との対話で、まわりとちがう特徴をいくつもあぶりだした——ひとりでいたい欲求が強い、親密な関係を築けない、人とまじわる状況に強い不安がある。そして幼少期からはっきり現われていた、抱きしめられ、キスされることへの嫌悪。これらが研究対象となり、「自閉症」と呼ばれるようになったのは一九四〇年代はじめのことだった。

＊＊＊

自閉症を表わす英語autismは、「自己」を意味するギリシャ語の*autos*に由来する。一九一六年、スイスの精神科医パウル・オイゲン・ブロイラーが、統合失調症の一症状として命名した[＊03]。具体的には、「他者や外界との関係が狭まり、患者の自己以外のすべてを排除しようとする」と記述されている[＊04]。

一九四三年には、オーストラリア生まれの精神科医で、ボルティモアにあるジョンズ・ホプキンズ病院の児童精神科主任を務めていたレオ・カナーが画期的な論文を発表する。彼はここで、現在自閉症に関連づけられる諸症状にautismという言葉を初めて使ったのだ。この論文は、一一人の子どもの詳細な観察が報告された労作だった。

……基本的な障害は、人生の始まりからすでに、他者や状況とのあいだに通常の関係性を持てないことだ。両親はわが子のことを次のように語る。「自己充足している」「殻に閉じこもっているようだ」「ひとりのときがいちばん幸せそう」「他人がそこにいないかのようにふるまう」「自分の周囲に完全に無頓着」「寡黙で思慮ぶかい印象を与える」「通常レベルの社会的意識を持てない」「催眠術にかかっているようだ」[*05]

ブロイラーは自閉症を統合失調症の症状と位置づけた。統合失調症では、社会的関係からの離脱は幼少期の終わりごろ、ときには成人してから始まる。しかしカナーは、自閉症を別の新しい症候群ととらえた。「極度の内閉的な孤独志向があり、外界からやってくるあらゆるものに無関心で、可能なかぎり無視し、遮断する」とカナーは書いている[*06]。

新しい概念が世に出るときは往々にしてそうだが、それから一年後、ウィーンの小児科医ハンス・アスペルガーも「自閉症」という言葉を使って同様の論文を発表している。

だがアメリカ精神医学会が刊行し、よく引用されるが悪評も多い『精神疾患の診断・統計マニュアル（DSM）』に、自閉症という診断分類が載ったのは一九八〇年のことだ[*07]。このときは幼児自閉症という名称だった。一九八七年には自閉性障害に改められている。だがこの障害の定義は難しく、一九九四年に出た第四版ではアスペルガー障害や特定不能の広汎性発達障害（PDD-NOS）とともに下位分類に格下げされた。ところが二〇一三年の第五版になると、今度はアスペルガー障害と特定不能の広汎性発達障害が自閉症スペクトラム障害の傘下に入れられた。

ただ分類が二転三転しても、カナーの洞察の正しさは揺るがない。「この子どもたちは、他者と情緒的な接触を持つという、生物学的に備わっているはずの能力を生まれつき持ちあわせていないと考えるべきだ。その点では、身体的、知的なハンディキャップを背負ってこの世に生まれてきた子たちと同じなのである」一九四三年にカナーはそう記している[*08]。「情緒的接触の先天的自閉障害」と言いかえてもいいだろう。「情緒的」というのは、自己の情動的側面ということだ。

＊＊＊

自分と他者の境界を識別できるようにすること。それが自己の役目だ。この能力は、生まれたての赤ん坊にも備わっているのか、それとも成長するにしたがって発達していくのか。赤ん坊は一歳半から二歳前ごろに、自分と他者を区別して話せるようになる。お気にいりを「自分のもの」だとはっきり主張してきかず、親をほとほと困らせるのは、言葉を使って自己に言及する能力が発達してきたということ。鏡や写真に写った自分を認識できるようになるのもこのころだ。こうした自己感覚は、社会的な相互作用や言語の使用を通じて培われていくのだろうか。それとも生まれたときから潜在的に持っているのだろうか。これは発達心理学の研究者が直面する大きな疑問だ。

ウィリアム・ジェイムズは、この潜在的な自己と、はっきりした自己を区別して、前者をＩ、後者をＭｅと呼んだ。心理学者フィリップ・ロシャはこれについて次のように書いている。

> Ｍｅは確認され、想起され、話題にされる自己のこと。言葉とともに出現し、明確な認識もしくは表象をともなう概念的な自己である。だから言語習得前で、共有される記号体系

で自分を表現することができない幼児にはとうてい持ちえない。そのいっぽう、意識的な確認や認識に頼らない、潜在的な自己も存在する[*09]。

一九九一年、認知心理学の父とも呼ばれるウルリック・ナイサーは、ジェイムズのIをさらに細かく分けた。それが「エコロジカル・セルフ（赤ん坊が環境のなかで発達させていく潜在的な身体感覚）」と、「インターパーソナル・セルフ（他者との相互作用によって出現する潜在的な社会的自己感覚）」だ[*10]。

エコロジカル・セルフがわかりやすいのは乳児だ。ほっぺたに触れると、その方向に顔を向ける哺乳反射もそのひとつ。ロシャの実験では、生後二四時間以内の新生児でも、自分の指がたまたま当たったときと、誰かに触れられたときとでは、哺乳反射の起きる回数に三倍の差があった[*11]。つまり新生児は、自分の身体の存在に気づいているのだ。それもおそらく行動の主体として。（統合失調症の章で見たように、自分をくすぐってもこそばゆくないのは遠心性コピー／随伴発射の仕組みによる。つまりくすぐったのが自分であることが暗黙のうちにわかっているのである。）

赤ん坊が潜在的な社会的自己を発達させるのは、周囲のおとなが赤ん坊の表情や情動をたえず模倣しているからだとロシャは考える（赤ん坊が泣きだすと、母親が悲しい顔をつくって「かわいそうねえ」とあやす）。もちろん赤ん坊自身も模倣装置だ。こうした模倣の応酬によって、言語習得前の社会的自己が発達していく——他者とのやりとりで磨かれていく自己だ。

やがて言葉が使えるようになると、顕在的な自己を形成し、表現する能力が発達する。さらに成長するにつれて、もうひとつ興味ぶかい能力も身についてくる。それは他者の心をのぞき見る能力だ。ところが自閉症の子どもはこの能力が損なわれているため、カナーが言うように社会的に他者と関係を築くことができない。そこで、自己とのからみで自閉症を掘りさげようとする研究者は、こんな疑問を抱くことになる。こうした人間関係の問題は、自己の発達と関連しているのだろうか？　そうだとすれば、どのように？

＊＊＊

アレックスは、他人との接しかたがどこか変だ。スーザンとロイが最初にそう気づいたのは、二歳の誕生日のときだった。親戚や友人たちがお祝いにやってきて、輪の中心にいたアレックスは居心地が悪そうだった。「家から飛びだして、舗道に出ていくんです。私がひっぱって連れもどしたんですが、その場にいた人たちはとまどっていました」とロイは振りかえる。

その前から、アレックスは聴覚と触覚が過剰に敏感だった。「あまり抱っこさせてくれなかったわ」とスーザンは言う。着せるのはやわらかい綿生地の服だけ。タグはいやがるからはずした。大きな音がとくに嫌いで、両手で耳をふさぐ。食事もやわらかいものだけで、弾力があったり、ばりばりしたものは吐きだした。そのため最初は感覚処理障害と診断されたが、問題が触覚・聴覚過敏だけでない徴候はすでに現われていた。

二歳の誕生日（ロイとスーザンが異常に気づいたときだ）の前に、保健師が子どもの様子を観察するためにやってきた。アレックスはミニカーが好きで、何十台も集めていた。「部屋に入ると、ミニカーが一列にずらっと並んでいました。まるで保健師さんを寄せつけまいとするようでした」誰かがミニカーの配置を勝手に変えようとすると、アレックスは激怒した。

だがおもちゃへの所有意識はなかった。子どもはおもちゃが自分のものという感覚を持つものだが、アレックスにその兆しはなかった。「所有感覚は持ったことがないようです。ほかの子が彼のおもちゃで遊んだり、持っていったりしても気にしませんでした」とスーザンは証言する。アレックスは発話表現の遅れも指摘された。言語能力や理解力は年齢相応なのだが、ほかの子のように情動や感情を言葉にしないのだ。スーザンによると、楽しい、怒っている、悲しいと口にすることがなかったという。

幼稚園の教諭たちは、アレックスの不安が強いことに気づいた。たとえば園児が輪になって座り、順番に質問に答えたり、何かを発言したりするときだ。アレックスは自分の番が近づくと緊張が高まって、爪を噛んだり、上半身を前後に揺らしはじめる。アレックスは広汎性発達障害と診断された。ＤＳＭ第五版では自閉症スペクトラム障害という大きな分類に統合されている。

小学校に入ると、ひとりを好む傾向が顕著に出た。「歓声をあげて遊ぶ子どもたちのなかで、アレックスだけは誰とも遊ばず、誰かと遊ぶことに興味もありませんでした」とロイは言う。「その様子に先生たちも気づいて、面談のときかならず話題になりました」

発話療法、理学療法、作業療法など、自閉症の子にはおなじみの療育をねばりづよく続けた結果、アレックスはめざましい進歩を遂げた。いまでは学校の勉強が得意で、スポーツにも熱中している。「学校では人気者です。物腰がやわらかいし、親切だし、誰に対してもいばったりしないから」スーザンはそう話す。「勉強がよくできるので、算数なんかを教えてと言われることもありますが、偉そうな態度は見せません。どのクラスでも好かれています」

でも、とロイが言葉をはさんだ。「親友と呼べる子はいないみたいです」

アレックスはどの子も同じに感じているようだとスーザンは言う。「お友だちの話題になると、この子はほかの子より好きとか、この子は親切だとか、いい子だとか、そんな話が出てくるものですが、アレックスからは聞いたことがありません。自分のしたこと、他人がしたことを振りかえるとか、そういう感覚はなくて、どんなこともそのままで満足しています」

アレックスのような自閉症スペクトラム障害の子どもは、こうした特徴のせいで社会に出たときに壁にぶつかりやすい。そこでアレックスはいま、ソーシャル・ランゲージのグループ療法に参加している。実際に商店で買い物をしたりするのだが、これだけのことでも、事前にいくつものシナリオを入念に練習しなくてはならない。ほしいものを注文する、カウンターの店員の言葉を予測する、それに応答する、代金を渡す、お釣りを受けとる……。「予測できるすべての状況と、その対応。これを全部教えこまなくてはならないのです」とロイは話す。

予測できるすべての状況……私たちはいったい何を予測するというのか。それは他者の精神状態だ。つまり相手の心を読むということ。児童心理学では一九八〇年代半ばから、子どもが他者の心をのぞく能力を身につけているかどうか、簡単な実験で確かめられるようになった。この能力は「心の理論」と呼ばれている。心の理論を探究するとき、自閉症という障害から何が学べるだろう。自身の心や精神状態を理解するのに、心の理論は必要だろうか。それは自己感覚を成立させるうえでも不可欠なのか？

＊＊＊

心理学者アリソン・ゴプニックは、カリフォルニア大学バークレー校にある研究室で、心の理論という概念をおもしろいたとえで説明してくれた。人がたくさんいる部屋を見わたして、目に入るものは何だろう？　中身の詰まった皮膚の袋がいろんな服をまとっている。袋のてっぺんには小さな点が二個並んでくるくる動き、その下には大きな穴がぽっかり開いている……ではないはずだ。「それでは頭がどうかしていますよね。私たちは他者を無生命の物体ではなく、心理的存在ととらえているのです」

心理的存在とは、心を持つ存在ということだ。私たちは、誰かの心のなかで何が起きているのかたえず予測し、相手の行動や意図、欲求を理解して、次の展開を読もうとしている。そんな風に他者の精神状態を理論化する試み、それが心の理論だ。心の理論は、人間の社会的な相互作用の土台になっているわけだが、この能力は生まれつき身についているのか、それとも徐々に発達していくのか。後者だとしたら、子どもの発達のなかで、心の理論はいつできあがっていくのだろう。

一九八三年、オーストリアの心理学者ハインツ・ヴィマーとジョゼフ・パーナーが、子どもの心の理論の有無を確かめる実験方法を考案した[*12]。それを紹介する論文は、人工知能に関する引用から始まっている。

出張の多いセールスマンが、仕事がひとつキャンセルになって自宅に戻った。真夜中、ぐっすり眠っていると玄関のドアを激しく叩く音がした。横にいた妻がぎょっとして、「あらやだ！　夫が帰ってきた！」と叫んだ。それを聞いた夫はベッドから飛びおり、窓から外に逃げだした[*13]。

ここで問題です。浮気していたのは夫、妻、それとも両方？　ヴィマーとパーナーがこの小話で論じるのは「誤信念」だ。そのとき妻は何を考えていたのか。夫はなぜ窓から逃げたのか。自分がわかっている事実と、相手の思うことが一致しない可能性を理解できないことには、相手が誤信念を抱いていると判断できない。妻は玄関を叩いたのが夫だと思った。夫は自分が横にいるにもかかわらず、妻が勘違いしたと思った。窓から逃げた理由はともかく、夫は妻の心理を洞察し、その誤信念を理解していた。心の理論を持っていたということだ。

ヴィマーとパーナーは、子どもが相手の誤信念を了解し、それにもとづいて行動の予測ができるかどうか実験した。二人は独創的で少々複雑な実験を通じて、子どもが四歳から六歳のあいだに心の理論――相手の気持ちを読む能力――を発達させていることを突きとめた。

ロンドン大学で発達心理学者ウタ・フリスの指導を受けている博士研究員、アラン・レスリーは、無邪気な「ごっこ遊び」に心の理論の証拠を見いだそうとした。新生児は生まれつき周囲の世界を正確な一次表象として認識し、お手本にできる能力がある。しかし、おままごとでカップにお茶を注ぐといったごっこ遊びは、この能力だけでは説明できない。ごっこ遊びが成立するには、まず現実に起きていることとの一次表象を獲得し、次に架空の世界で表象を投影しなければならない。レスリーはごっこ遊びを「認知そのものを理解する能力の芽ばえ」と呼んでいる[*14]。

それは情報に対する自らの態度を性格づけしたり、操作したりする能力の最初の徴候だ。自分が何かになりきるのも、他者のごっこ遊び（他者の態度）を理解する能力が特別な形で発揮されただけである。つまりごっこ遊びは、心の理論の初期発現なのである[*15]。

自閉症、それも重度の子どもが、ごっこ遊びに夢中になったり、空想にふけったりしないことは、さまざまな研究で確かめられている（たとえばダウン症候群で知的障害のある子どもは、正常な子どもより遅いものの、ごっこ遊びができるようになる)。

アレックスもそうだったのだろうか。私はロイとスーザンにたずねた。「完全にそうでした」とスーザンは答えた。「おもちゃのトラックやゲームで遊んでいても、『ぼくはこれだ』『ぼくはこれになる』といったごっこ遊びのひとりごとはまったく出ませんでした」

ごっこ遊びの欠如という報告があまりに多いので、レスリーは自閉症の子どもは心の理論が損なわれているが、ダウン症候群はそうではないと結論づけた。一九八五年、サイモン・バロン゠コーエンは、博士課程のアドバイザーであるウタ・フリスと、アラン・レスリーに共同スーパーバイザーについてもらい、ヴィマーとパーナーが行なった誤信念課題の改良版を考案した。この課題は、登場する二人のお人形にちなんで「サリーとアンのテスト」と呼ばれる。


ここにかごと箱があります。サリーはアンの見ているところで、ビー玉をかごに入れました。サリーがお散歩に出かけたあと、アンはかごからビー玉を取りだして、箱に入れました。戻ってきたサリーは、ビー玉で遊ぼうとします。さて、サリーはかごと箱のどちらを見るでしょう?[*16]

「箱」と答えたあなたは不正解。自分が知っていることはサリーも知っていて当然と思っているからだ。「かご」と答えたあなたは正解。サリーの心のなかを予測できたことになる(アンがこっそりビー玉を移したことを知らないサリーは、ビー玉はかごにあると思っているはず)。

予想どおり、定型発達の子やダウン症候群の子は正解率が高かったのに、自閉症の子(精神年齢は四歳以上)は軒並み「箱」と答えた。やはり自閉症には、心の理論の障害が関わっているようだ[*17]。

一九八八年、アリソン・ゴプニックを中心とする研究チームは定型発達児を対象にした実験で、心の理論と誤信念課題は自己意識の本質まで照らしだす可能性を示した。他者の心を知ることが、自分の心を知ることにもなるということだ。

実験では、三〜五歳の子どもにキャンディの箱が与えられる。ところが蓋を開けてみると、入っていたのは鉛筆だった。ふたたび蓋を閉じて、子どもたちに質問をする。知りたいのは、いま見た箱の中身の知識(心的表象)が、蓋を開ける前に考えていた中身と異なることを理解しているかどうかだ。五歳児は、箱の中身がキャンディだと思いこんでいたことを覚えていた。いっぽう三歳児はそんなことは忘れていた[*18]。箱の中身はいつだって鉛筆だったのだ。要するに誤信念の認識能力を調べる実験だが、ここで誤信念を抱くのは他者ではなく過去の自分だ。

他者の心を読む能力と、自分が過去に思っていたことを認識できる能力。どちらも三〜五歳に発達するのは興味ぶかい。「子どもが他者について語ることと、過去の自分について語ることのあいだには、強い相関関係があります」とゴプニックは私に語った。

バロン゠コーエンは自閉症児で同様の実験を行ない、「自閉症児は『行動主義者』か?」という挑発的な標題で発表した。実験では卵そっくりに見える石を用意して、外見と実質を区別できるかどうか調べた。対象は自閉症児一七人、知的障害児一六人、臨床的に正常な子ども一九人で、全員が精神年齢で四歳以上の言語能力を有していた。見かけと実質を区別する能力は、自分の精神状態に気づいているか否かの物差しになるとバロン＝コーエンは考えた。

子どもたちに石を見せて、これは何かと質問する。全員が卵だと答える。実際にさわらせると、子どもはほんとうは石であることに気づく。卵そっくりの石を充分に吟味させてから、今度は二つの質問をする。「これは何に見える？」と「これはほんとうは何かな？」だ。正解は前者が卵（外見）、後者が石（実際）だ。

定型発達児とダウン症児は約八〇パーセントが正解した。ところが自閉症児の正解率は約三五パーセント。これは卵に見えるのだから、卵だと答える子が多かった。この結果について、バロン＝コーエンはこう書いている。「実験で外見と実際のちがいに気づかないのは自閉症児だけである[*19]」。彼らは自分の心理状態に気づいていないとも言える。知覚情報が自分の知識と矛盾するとき、自閉症児は両者を切りはなすことができない。対象物について他の表象があっても、知覚情報がそれを凌駕するのだ」新規の情報を理解するとき、既存の知識を活用しきれない――これは脳の予測機構が損なわれているからではないだろうか。

こうした研究から浮かんでくるのは、他者の心を読むための脳の仕組みは、自身の心を読むときにも使われているのではないかということだ。相手の心を読む、つまり心の理論を持つことは、自己感覚にとってどれほど重要なのだろう？　「心の理論は、自己感覚に不可欠なものだと思います」ウタ・フリスは私にそう語った。

不可欠といっても、それは自己の特定の側面に関してだとフリスは注釈を加える。すでに見たように、自己は大きく二つに分けられる。前内省的自己意識（I、主体としての自己）と、内省的部分（Me、客体としての自己）だ。このうち心の理論が関係するのは、あくまで客体としての自己である。自閉症児が経験の主体になれないという話は聞いたことがない。

＊　＊　＊

自閉症児は心の理論が機能しておらず、他者の心を読めないのだとしたら、おとなの自閉症もやはり内省に困難を抱えているのだろうか。

この問題を探るために、ウタ・フリスとラッセル・ハルバート、それに博士課程でかつてフリスの指導を受けていたフランチェスカ・ハッペ（その後自閉症と心の理論の研究の第一人者となった）の三人は、自閉症の成人を対象に実験を行なった。

ハルバートが考案した実験方法は、被験者にポケベルを携行してもらい、ポケベルが鳴ったら、その瞬間の「意識の中身を冷凍保存して」メモに書きだすというもの[*20]。被験者はアスペルガー症候群の診断を受けた三人の男性で、全員に知的障害はなく、意思疎通が充分にとれた。彼らにはポケベル実験に加えて、一連の誤信念課題も受けてもらった。すると、誤信念課題の成績と内省能力に興味ぶかい相関関係があることがわかった。

被験者のうちの二人、ネルソンとロバートは誤信念課題の成績が良かったし、ポケベル実験で内的経験を振りかえり、書きとめることもできた。ただし、正常な（自閉症者のコミュニティでは「定型」と呼ばれる）被験者のメモは心のつぶやきや感情が記されているのに対し、自閉症者は視覚イメージが中心だった。

残るひとりの被験者、ピーターは誤信念課題の成績が悪く、予想どおりポケベル実験でも苦戦した。「どのメモにも、これといった内的経験は記されていなかった……図像もなければ内言語もなく、感情もない」とフリスらは書いている[*21]。

フリスやハッペの話を聞きながら、私はジェイムズのことを思いだした。妹に親しみを感じるかとたずねた私は、彼の答えに仰天した。「アスペルガーが全員そうだとは言いませんが、私は人間に何も感じません。内臓感覚というか……そわそわとか、胸がドキドキということがないんです。妹のことは愛していますが、あくまで経験にもとづくもの。妹への愛を頭で考えることはあっても、感じることはありません」

それを聞いた妹はどんな反応だったのか。「意外なことに、ふつうに受けとめてくれました。心が通いあうのが当たり前の人は、気を悪くすると思っていたから。でも妹は理解しようと努力してくれた。ずっといっしょに育ってきて、他人との感情的なつながりが自分とちがう様子を見てきたんでしょう」

この告白から気がつくことがいくつかある。まずジェイムズは内省ができないわけではないこと。ただし定型者がふつうに内省できる側面が抜けおちている。「客体としての自己」に、他者への情動を痛切に感じる要素が入っていないのだ。その欠陥を補うために、彼は認知に磨きをかけ、相手の身ぶりやしぐさ、顔の表情から学ぶことにした（誤信念課題が最初は不正解だった自閉症者が、最終的に正解できるようになるのもそれだろう）。定型者なら無意識にやっていることでも、ジェイムズは意識的に注意を払わなくてはならない。これでは人と接する状況が不安になるのも当然だ。「頭のコンピューターは高速回転しっぱなしです。たった三〇分で、数学の試験を三時間受けたときみたいに消耗するんです」

ジェイムズの話はもっともだとフリスはうなずく。「生まれたときから備わっていて、完全に無意識に遂行できる能力が、自閉症には欠けています。でも努力と学習を重ねて、意識的にできるようにはなるんです」

自閉症に関するこうした知見は、心の理論がどう発達していくかという議論を掘りさげるのに大いに役だつ[*22]。心の理論の仕組みにはいくつか学説が存在するが、そのひとつが「理論説（theory theory）」だ。要するに無意識の認知プロセスを使って、他者の心のなかで起きていることを暗黙のうちに理論化しているというもの。もうひとつは、自分のなかで相手の行動をそっくりまねる、つまりシミュレーションによって他者の心を理解しているというものだ。さらには、相手の心理状態を直接知覚できるという説もある。意識下で行なわれる瞬間的な予測が、直接的な知覚として自覚に入ってくるのだ。

心の理論の欠落は、自閉症のもうひとつの特徴――遂行機能の障害――と関連しているかもしれない。遂行機能がうまく働かないと、目標達成に必要な行動を順序よく組みたてることができない。スーザンとロイも、息子アレックスが日常の動作をこなせなかったと回想する。スーザンは次のように話してくれた。「二歳ともなると、外に出るには靴下をはいて、靴をはいて、ジャケットを着る手順を自然と理解しますよね。必要なことをひとつずつ自然にこなしていきます。でもアレックスは、いちいち教えてやらないとだめでした。毎回やっても初めてのようで、習慣にはなりません。まず靴下、次に靴。パンツをはいてからズボンをはく。そんな順序がわからないんです」

自閉症児の心の理論と遂行機能が強く結びついていることは、すでにいくつもの研究で確認されている。そこで言われているのは、自閉症ではこれから実行されるはずの一連の行動（靴下をはく、靴をはく、ジャケットを着る）や、達成したい目標（服を全部着てから家を出る）のモデルを呼びだせず、それどころかモデルの表象すらできないということだ。

そうだとすれば、心の理論は他者の心理状態だけでなく、自身の精神、つまり自己感覚のさまざまな側面に迫るうえで不可欠だとする指摘も納得がいく。自閉症の研究成果がないことには、心の理論に関わる脳の領域を探すこともできなかっただろう。

おとなの脳で心の理論と強い相関関係があるのは、側頭頭頂接合部、楔前部、それに内側前頭前皮質だ。どれも、他人が何を考えているのだろうと思っているときに活発になる。

マサチューセッツ工科大学のレベッカ・サクスが、心の理論が出現し、成長していく年代である五〜一一歳の子どもの脳で調べてみたところ、心の理論が求められる課題をこなすときは同じ領域が活発になっていることが判明した。なかでも関係が強力だったのは、右側頭頭頂接合部だった[*23]。

ケンブリッジ大学のマイケル・ロンバードは、サイモン・バロン゠コーエンらと共同で行なった研究で、右側頭頭頂接合部の働きが精神状態の表象に特化していることを示した。自閉症ではここがうまく機能しておらず、障害の程度が重いほど、他者との社会的な関係づくりが難しくなる[*24]。

ロンバードらは、自閉症で問題となる脳の領域をもうひとつ見つけた。それが腹内側前頭前野だ[*25]。実験では、定型と自閉症の被験者に、自分自身とイギリス女王の精神的特徴について考える質問が出される。

＊＊＊

「あなたは、毎日日記をつけることがどのくらい大切だと思いますか？」

「女王は、毎日日記をつけることがどのくらい大切だと思っているでしょうか？」

定型の被験者は自分について答えるときに腹内側前頭前野が活発になっていたが、自閉症者ではそうした差異は見られなかった。「自閉症者の腹内側前頭前野は、自分と他者を等しく扱っていた」のである。

この研究では、さらに興味ぶかい関連が明らかになった。自閉症者は、腹内側前頭前野と、腹側運動前野や体性感覚皮質など、基本的な身体表象に関わる領域の接続が悪いのだ。ちなみに自閉症で機能が顕著に落ちる右側頭頭頂接合部は、脳内に描きだされる身体地図とのつながりも深い。これらの事実を考えあわせた結果、自閉症の新たなとらえかたが浮上してきた——自閉症は、自分の身体と、身体が受けとる感覚刺激を正確に知覚できないことに原因があるのかもしれない。そのせいで身体自己意識が混乱し、感覚処理にも直接的な影響が出た結果、心の理論といった高次処理もおかしくなっているのではないか。一部の研究者は、この可能性をもっと真剣に探るべきだと主張している。

＊＊＊

アレックスが小学校に通いはじめた一日目のことを、ロイはいまも忘れられない。教室でアレックスの隣に座ったのは、保育園からいっしょだった女の子だ。クレヨンと画用紙が配られ、女の子はきれいなチョウを描いた。「とても上手でした」とロイは振りかえる。アレックスはというと、「でたらめないたずらがき」がやっとだった。「小学一年が描くにしては、あまりにお粗末でした」

ロイがとりわけ教育熱心だったわけではない。アレックスはお絵かきが苦手中の苦手だったのだ。鉛筆やクレヨンを扱う緻密な運動制御ができないだけでなく、意味が伝わるように形を描くこともできなかった。鉛筆を持たせても、先端をしっかり紙に押しあてることができない。文字を書くときでもそうだった。療育で人間の絵を描いたときは、作業療法士が首には太さがあり、手は手のひらと指があるのだといくら説明しても、アレックスは棒きれみたいな人形しか描けなかった。「すごく原始的な絵でした」とスーザンは言う。それから何年もたった現在も、アレックスが描く人間の絵はまったく上達していない。手の部分は大きな丸に小さな丸が五つくっついているだけだ。小さい丸が指のつもりらしい。

パリ、ピティエ＝サルペトリエール病院の児童青年精神科で主任を務めるダヴィド・コーエンは、自閉症児のそんな人体表現をいやというほど見てきた。コーエンを訪ねたのは二〇一一年の秋だったが、当時彼は傷心の日々を送っていた。きっかけは二〇〇七年、イギリスの医学専門誌『ランセット』に掲載された論文で、パッキング療法を検証する内容だった[*26]。パッキング療法とは、自傷行動がある重度の自閉症児への補助療法としてフランスで実践されていたものだ。濡らしたシーツで首から下をくるみ、救命用シートと乾いた毛布で包んで身体が冷えるのを防ぐ。一回の治療が約一時間で、数日から数週間続けて行なわれていた。

『ランセット』の論文は、建物が有名なピティエ＝サルペトリエール病院の正面写真が掲載されていて、実際にはこの病院についての記述はほとんどないのに、コーエンとパッキング療法を結びつけるような印象を与えていた（コーエンはパッキング療法に関する論文も発表したことがない）。パッキング療法は残酷で野蛮だとする批判の声は、コーエンにも向けられた。それに追いうちをかけるように、自閉症の代表的な研究者たちが連名書簡を『アメリカ児童青年精神医学会誌』の編集長宛てに送り、「昨今話題の療法」は倫理に反すると主張した[*27]。

だがコーエン自身はパッキング療法に好意的だ。『ランセット』騒動後に執筆した複数の論文でも指摘しているが、パッキング療法は精神運動障害の専門家の指導のもとで行なわれ、少なくとも二名の医療従事者がかならず子どもにつきそっているという。

コーエンの患者のひとり、ジョンは広汎性発達障害の少年だ。激しい緊張性症状で病院に連れてこられた。症状が重いため電気ショック療法も検討されたが、両親が拒否。そこで投薬治療（ベンゾジアゼピン系薬剤とプロザック）と並行してパッキング療法を実施した。ジョンの状態は改善しはじめる。パッキング治療のあと、紙とペンを渡して自由に絵を描いてと指示すると、二回目でジョンは文字と単語を書き、一二回目では人の手らしきものを描いた。一六回目で棒人形を描き、二三回目ではさらに人間らしい形になった。パッキング治療で、ジョンは自分の身体との距離が縮まったような印象だった[*28]。

ジョンの緊張性症状と感覚運動障害は自閉症によく見られるもので、各種感覚を脳がうまく統合できていないせいだとコーエンは考える。触覚、視覚、平衡感覚、固有受容感覚など、身体の内外で起きる感覚を脳がとりまとめて身体知覚（身体自己意識）を生みだし、それが学習や行動の基盤になるというのだ。この感覚統合が阻害されると、さまざまな刺激や自身の身体の知覚がうまくいかず、行動や認知の問題が生じる。

パッキング療法は「身体とそのイメージを結合[*29]」させ、「自分の身体境界の意識を強化[*30]」することで、感覚統合を後押しするのだ。言いかえれば、主体としての自己が、客体としての自己の基本要素である身体自己意識をはっきり知覚するのを助けるということ。

アレックスを育ててきた経験から、この話をどう思いますか？　スーザンにそうたずねると、納得できるという答えが返ってきた。「アレックスの言葉や自律能力の発達が遅く、創造性や想像力、社会性が欠落しているのは、物理的な環境のなかで自分の身体を把握できないせいだと思うんです。こうした障害は、彼の自己意識の発達にも大きな影を落としているはずです。アレックスの描く人間の絵が原始的なのも、手足の感覚が充分に経験できていないからかもしれません」

そう考えると、自閉症児の感覚統合のつまずきは、心の理論が発達しないことにもつながりそうだ。「そういうことになるでしょう。自分の身体を実感できないのに、心の理論を持てるはずがありません」と話すのは、ラトガーズ大学の認知心理学者で、計算論的神経科学の研究もしているエリザベス・トーレスだ。

＊＊＊

トーレスは自閉症をめぐる現状にいらだちを隠せない。診断基準がよく変わるなかで、逸脱行動を観察し、分類して診断するいまのやりかたはいただけないし、重要なことを見のがしているとトーレスは言う。自閉症には数々の行動障害が見られるが、すべて身体知覚に根ざしていないことに由来する[＊31]。原因はそれだけなのだとトーレスは強調する。

「行動をめぐる議論も、まるで深遠な謎を語るみたいで現実ばなれもはなはだしい。行動というのは、とぎれずに流れていく運動の組みあわせです。［そして］運動はというと、目的を意識して行なうことと、意識すらしないで行なうことの組みあわせなのです」

だから自閉症児の身体の動きは、奥に潜む問題を知る手がかりになるとトーレスは断言する。トーレスの主張の根拠にあるのは、自閉症スペクトラム障害と診断された子どもの運動を測定した研究だ。注目したのは、ほとんど知覚できないぐらいの動きの揺らぎで、それを彼女は微小運動と呼んでいる。

たとえば、コンピューター画面に映る図形に指で触れるとき、動きはじめた手は最高速度に到達し、そこから減速して画面で停止する。最高速度をv、到達時間をtとすると、tとvは手の運動を記述する変数だ。ただしこれらは一定ではなく、一〇〇回試せばそのたびにわずかながら変動する（微小運動）。これらの変数の幅と、統計的特性の変化の割合はその人固有のものだ。トーレスによれば、こうした微小運動の変化は、身体周縁部から中枢神経系が受けとる一種の感覚情報になっているという。

この発想は、一九五〇年にエーリッヒ・フォン・ホルストとホルスト・ミッテルステットが行なった実験に端を発する。統合失調症を取りあげた第4章で触れたように、脳は運動指令のコピーをつくって結果を予測し、実際の運動と比較することで自己主体感を生みだしている。脳は身体からのフィードバックを頼りにしているわけだ。では、そのフィードバックはどこから来るのか？「関節、腱、筋紡錘《きんぼうすい》にある運動感覚の受容器だと考えられます」とトーレスは語る[*32]。「刻々と変化する腕の位置が、運動指令（遠心性コピー）で指示された位置にきちんと対応しているかどうか、受容器からの情報が教えてくれるのです……ただそれには、運動指令と運動感覚情報の関連を学習しなくてはいけません」

脳はこの運動感覚情報を、身体知覚、つまり内部身体モデルを構築し、安定させるのにも活用している。運動指令を的確に出し、その遂行結果を正しく予測できるのもそのためだとトーレスは主張する。微小運動から、SN比（信号《シグナル》対雑音《ノイズ》比）が高く有益な情報が読みとれるのだ。

トーレスが、子どもの能力や年齢ごとに自閉症児の微小運動変化を測定したところ、SN比が年齢とともに上昇するという興味ぶかい傾向が明らかになった。

三〜四歳の定型発達児では、運動感覚のフィードバック信号は雑音が多い。しかし四〜五歳になると明らかに雑音が減り、成人は予測可能で信頼性の高い信号をフィードバックしていた。

ところが自閉症ではこうはいかない。子どもも成人も、運動感覚のフィードバック信号は雑音だらけだ。これではたとえ脳が内部身体モデルを構築していても、過去の行動をもとに将来を予測することができないので、更新は不可能だ。つまりすべての経験を、毎回ゼロから受けとめなくてはならない。「自閉症児はそんな風に世界を経験しているはずです。いつだって初めてのことなんです。意味を理解できないし、先を予測できるような安定した知覚にも至りません」とトーレスは言う。

主体としての自己にとって、客体としての自己があやふやなままなのだ。

客体としての自己をつなぎとめる錨、それが身体だ。私たちが知覚するすべてのことは、身体が基準点になっている。発達途上のつまずきでこの基準点が乱れると、子どもの成長に困った影響がいろいろと生じる。自閉症スペクトラム障害には、感覚処理の障害や心の理論の欠如、人づきあいができないなど幅広い行動症状がずらりと並ぶが、それも無理からぬ話だ。「基準点がないのだから、すべてが初めての体験で、よりどころがないのです。身体に関する情報が雑音だらけでいきあたりばったりであることは、私の個人的意見とかではなく、測定値にはっきり出ています。これはすべての自閉症に例外なく当てはまり、年齢とともに悪化していきます」

診断を主観的な観察に頼るのではなく、運動感覚のフィードバック信号を測定し、雑音を早い段階で客観的に検知する。そして雑音が減るような訓練や治療法を開発すれば、多くの自閉症者が救われるはずだとトーレスは考える。

トーレスの研究は、脳は感覚情報の原因を確率的に予測するというベイズ推定装置説ともよくなじむ。この概念が、離人症性障害に適用できることはすでに見てきたが、自閉症に当てはめても得るところが多そうだ。

＊＊＊

身体の最大の責務が生存であるならば、脳の仕事は（身体と緊密に協力して）生存に適した状態を維持することだろう。すべての生命体にとって、生存とは何らかの生理学的状態に置かれていることを意味する。だが血圧や心拍数といった内部要因と、気温などの外部要因で身体の状態が決まるのだとすれば、すべての要素が一定範囲におさまる状態が無限ではない。ユニヴァーシティ・カレッジ・ロンドンのカール・フリストンに言わせれば、それは「「生物学的」システムが、ごく限られた状態のどれかになっている確率が高く、それ以外の状態になっている確率が低い」ということでもある[＊33]。このように生理学的に生存可能な範囲でいることは、恒常性《ホメオスタシス》とも呼ばれている。

脳は「自由エネルギー」を最小化することで、恒常性を実現するというのがフリストンの主張だ。生物学的システム（もしくは学習と適応ができるすべてのシステム）は、そのおかげで「無秩序に向かおうとする自然の流れに逆らう」ことができるのだ[＊34]。自然界においても、自由エネルギーを最小化するシステムは生きのこり、そうでないシステムは死にたえる。

自由エネルギーを最小化するというのは、遭遇する「驚き」の量を最小化することだとフリストンは考える。「生理学的に適切な範囲内にとどまるには、驚くような事態を避けなくてはならない[*35]」

ベイズ推定装置である脳は、身体と環境、それに自分自身の内部モデルを保持することで、驚きを避けようとする。内部モデルは感覚情報の原因について、事前信念をもとにいくつも予測することができる。感覚情報が入ってくると、それぞれの予測に確率を当てはめていき、最も確率が高いものを原因と考えるのだ。この作業を通じて身体、脳、環境の理解が新しくなるので、事前信念も更新される。この仕組みのどこに驚きが入りこむのか？　たとえば完全に予想外で、わが身が脅かされるような事態に直面すると（フリストンは水から飛びだして地面に落ちた魚を例にあげている）、脳は驚きの要素を抑制する行動を開始する――内部モデルを修正するか、身体を動かすかだ（魚の場合は内部モデルを修正してもムダで、力いっぱい跳ねて水に戻ったほうがいい）。感覚情報の原因予測と、実際の感覚情報の開きが大きければ、それだけ驚きの要素も増大する。したがって予測エラーを最小化すれば、驚きも軽くできる。脳が持つ内部モデルを、内外の現実に一致させるわけだ。

エリザベス・トーレスに言わせれば、自閉症の脳は、実際の感覚情報をもとに事前信念を修正する能力が欠けている。フィードバック信号のSN比が低く、雑音だらけで有益な情報が聞きとれないためだ。自閉症者はたえず驚きにさらされているのである。

自閉症者にとって、世界は悪い意味でマジックだ――マサチューセッツ工科大学のパワン・シンハらはそう主張する。マジシャンは観客を驚かせるのが商売だ。展開が予想を裏切るからこそ、お客は驚き、不思議がる。しかし現実世界でものごとの原因が予測できないと、気力も体力も奪われる。「この世界がマジカル・ワールドだと、翻弄されるばかりで、予備的行動をとることもできない[*36]」自閉症スペクトラム障害の多種多様な症状は、すべて脳の予測機能が壊れていることが原因かもしれないというシンハらの説は、トーレスの考えに近い。

自閉症児は、変化を極度に嫌う傾向がある。自分の置かれた環境が不確かなとき、不安を覚えるのは定型発達児でも同じだが、自閉症だとそれが増幅される。

ふだんから息子のアレックスや、同じ学校の他の自閉症児に接しているスーザンは、これについて自分なりの意見を話してくれた。「スペクトラムの子にとって、変化は恐怖でしかありません。彼らは決まった手順と繰りかえしが大好きなので、同じ本を何回でも読むし、同じ映画を繰りかえし見るし、食べ物の好みも狭い。外食する店も限られていて、毎回頼むものはいっしょ。一事が万事こうです。予定がかっちり決まっていて、予測どおりになれば安心なのです」

自閉症者にとって、環境は予測不能なことだらけ。彼らが決まりきった行動を崩さないのは、予測の確率を上げて不安を小さくしたいからだろう。

光や音などに過敏なのは、環境刺激の原因予測ができなかったり、事前信念の更新が不充分だったりして、慣れるということがないからだ。

感覚認知のほかにも、これで説明できることがある。シンハらは、心の理論の問題も予測できない脳が引きおこしているのではないかと仮説を立てた。他者の心を読む行為は、相手の行動を観察し、その人に関する知識も参考にしつつ、原因（つまり意図や欲求）を予測することだ。「心の理論とは、要するに予測課題である」とシンハらは書いている[*37]。自閉症をこれひとつで語ってしまおうという、「倹約的」な説明だ。

さらに神経科学や哲学においても、前内省的でナラティブ以前の基礎的な自己を「予測する脳」で説明できると考える研究者がいる。

メルボルンにあるモナシュ大学の哲学者ジェイコブ・ホーウィは、私にこう話してくれた。「脳は自分自身も含め、遭遇するすべてものをモデル化せずにはいられません。それは脳が統計処理マシンである以上、当然の帰結です。自己といえども、世界のさまざまな対象とともに、一表象として脳に保持されているだけです」

第4章でも見たように、自己主体感は予測する脳の産物だ。予測がうまくいかないと真に迫った情動を感じられず、自分が他人に思える離人症性障害になることもわかった。さらに次章で触れるが、自己を形づくるほかの特性――自分が宿っているのはほかでもない自分の身体だという「私有感覚」――もまた、予測装置としての脳で説明できる可能性がある。こうなると自己も視覚などと同列になり、自己を一段上に位置づけてきたこれまでの学説が、空気が抜けた風船のように勢いがしぼんでいく。ホーウィはこう話す。「［自己の］概念にデフレが起きているんです。自己といったって、特別な何かがあるわけじゃない。感覚情報の原因のひとつだというわけです」

客体としての自己を構成し、主体としての自己が経験するものはすべて、脳の予測機構から生じた知覚と考えることもできる。定型だろうと自閉症だろうと、内外の感覚情報を脳が総合し、がんばって原因を予測したもの、それが「私」なのである。

でもちょっと待って。アレックスのことが脳裏をよぎる。私は幼少期の彼をよく知っている。二歳のころは、食べ物も着る服も同じものにこだわり、ミニカー並べにひたすら熱中して、秩序が乱されると激しく動揺した。人との交わりを好まず、手をつなぐのも抱っこもきらい。そんな行動は、驚きをできるだけ回避して、本人なりに予測可能な環境をつくる試みだったということか。そんなアレックスも思春期に入ると恐怖心を少し克服して、身体に腕をまわして抱きしめるぐらいなら抵抗しなくなった。自閉症児が変化をいやがり、予測できることにこだわる理由がわかれば、少なくとも社会性を伸ばす参考になる。なるほど彼らは自己経験が変容しているために、相手の心を読むことができないかもしれない。だが見かたを変えれば、定型発達の人間も自閉症者の心を読みとれないということだ。本来、コミュニケーションは双方向であるはず。たとえそれが、ものの感じかたや受けとめかたが大きく異なる人間どうしであっても。

第7章

自分に寄りそうとき

体外離脱、ドッペルゲンガー、ミニマル・セルフ

私は私であり、私はここに存在するという命題は……そう宣言するかぎりにおいてはたしかに真実だが……私は自分が何者なのかはっきりわかっていない。

ルネ・デカルト［*01］

自分の身体とその感覚、さらに各部位を「所有」することは、自分が誰かであるという感覚の基盤になっている。

トマス・メッツィンガー［*02］

私のいとこの息子アシュウィンが、脳腫瘍のため三一歳の若さで世を去った。異常に気づいたのは二〇〇九年八月。ニューデリーにいたアシュウィンは脳卒中で倒れ、左側頭頭頂部にあった良性腫瘍を切除した。しかし数か月もするとふたたび発作が頻発するようになる。脳スキャンで調べても異状はなく、抗てんかん薬で対応することになった。やがてアシュウィンは、発作の始まりを感知できるようになった。右の腕と脚が、針で刺されているみたいにちくちくするのだ。運転中にそうなったら、路肩に停止して深呼吸を繰りかえす（これは母親の指示だ）。だいたい数分で発作はおさまった。二〇一三年はじめ、車で職場に向かっていたアシュウィンは、妙な感覚を覚えた。すぐに車を停め、母親に電話する。

「母さん、とても不思議なことが起きた。目の前にもうひとりのアシュウィンがいたんだ」自分の目で見て、経験しているので疑いはみじんもない。第二の自分が怒りと恨みを募らせ、不満をくすぶらせていることまでわかったという（二〇代のアシュウィンがまさにそうだった、と父親である私のいとこは言っていた）。幸いもうひとりのアシュウィンはすぐに消えたので、ほんもののアシュウィンは運転を再開できた。神経科医は発作のせいだと判断し、薬の種類や量を調整した。

それから一年もしないうちに、アシュウィンの状態は悪化しはじめる。左前頭側頭葉に出現した腫瘍は今度は悪性で、島皮質にまで広がった。手術と放射線治療でいくらか時間を稼いだが、それも長くは続かなかった。ある夜、アシュウィンはとつぜん息を引きとった。

あの日アシュウィンが経験した現象は、ドッペルゲンガーと呼ばれている。もうひとりの自分がすぐそばにいると感じる複雑な幻覚だ。アシュウィンの場合、意識の中心——身体のなかにいて、そこから外を見ている感覚——はちゃんとほんものの身体にとどまっていたが、幻覚の自分に移ることもある。ほんものと幻覚のあいだで視点が切りかわり、めまぐるしく行ったり来たりするという報告もある。強烈な情動がある点もドッペルゲンガーの特徴のひとつだ。ドッペルゲンガーの実例としてよく引用されるのが、自己と身体を一致させるために四階建ての建物から飛びおりた青年の話だ。

＊＊＊

いまから二〇年以上前、スイスにあるチューリヒ大学病院の博士課程で神経心理学を研究していたペーター・ブルッガーは、超常体験の科学的説明で評価を得るようになっていた。あるとき、同僚の神経学者が担当していた二一歳の青年患者が紹介されてやってきた。青年はチューリヒでウェイターをしているが、ドッペルゲンガーに遭遇して危うく死ぬところだったという。

それは、青年が抗てんかん薬の服用をやめたときに起きた。ある朝彼は仕事をさぼり、浴びるようにビールを飲んでベッドでごろごろしていた。だが気分は重苦しい。頭がふらふらしてきたので、ベッドからおりて立ちあがり、振りかえると、自分がまだベッドに寝ていた。ベッドの男はまちがいなく自分だ。そいつも起きて仕事に行くつもりはなさそうだ。そんな自分が気に食わず、青年は自分をどなりつけ、飛びかかった。するとややこしいことに、自分の意識がそっちに移動してしまった。ベッドであおむけになっている自分を、もうひとりの自分がのしかかって揺さぶってくる。恐怖と混乱が頭に渦巻いた。揺さぶっている自分と、ベッドに横たわっている自分はどっちがほんものなんだ？　耐えきれなくなった彼は、窓から飛びおりた[＊03]。

私は二〇一一年の秋にブルッガーに取材した。青年が飛びおりた建物の写真を見せてもらって、彼がどんなに幸運だったかわかった。窓の下はハシバミの茂みになっていて、それが衝撃をやわらげてくれたのだ。だが青年は死にたかったわけではないとブルッガーは言う。「身体と自己を一致させたかったのです」青年は転落によるけがが治ったあと、左側頭葉にできていた腫瘍を切除した。それで発作はおさまり、ドッペルゲンガーを見ることもなくなった。

＊＊＊

ドッペルゲンガーは文学作品にもたくさん登場する。エドガー・アラン・ポーの短編「ウィリアム・ウィルソン」は、分身の存在に苦しんだあげく、刺し殺そうとする。だが血を流しているのは自分だった。ギ・ド・モーパッサンも「オルラ」という短編を書いている。主人公は分身を殺してしまうのだが、最後は「いや……まさか……まちがいなくやつは死んでいるはず……だとすれば――私が殺さねばならないのは私だ！」と思いこむ[＊04]。

ドッペルゲンガーは、「自己像幻視（autoscopic phenomena）」と呼ばれる幻覚の一種だ。autoscopicは、ギリシャ語で「自分」を意味する*autos*と、「見る」を意味する*skopeo*に由来する。自己像幻視の最も単純なものは、見えない誰かの気配をそばに感じる「存在感覚（sensed presence）」だ。スイス連邦工科大学ローザンヌ校の神経学者オラフ・ブランケによると、存在感覚はいわば幻肢の全身版だという。切断した手足の存在を感じてしまうことが幻肢だが、その対象が全身になっているのだ。

イギリスの詩人T・S・エリオットの代表作「荒地」にも、こうした幻覚の描写がある。「きみの隣をいつも歩く第三の男は誰だ？／数えると、きみとぼくしかいないのに」

この詩は、イギリスの探検家アーネスト・シャクルトンの日誌に記されたできごとに触発されている[*05]。シャクルトンが挑戦した南極大陸横断は、想像を絶する困難と危険に満ちた冒険だった。探検の終盤、身動きのとれない仲間の救出を試みていたシャクルトンとフランク・ワースリー、トム・クリーンの三人は、第四の男の存在を感じるようになる。

サウスジョージア島の名もない山々と氷河のあいだを三六時間も歩きつづけるうち、自分たちは三人ではなく四人だと感じるようになった。そのときは誰にも言わなかったのだが、あとでワースリーに「隊長、あのときもうひとりいるような奇妙な感じがしたんです」と打ちあけられた。クリーンも同じだったという。目に見えないものを説明するのは、「言葉があまりに足りず、語りがあまりに粗い」と歯がゆい思いをするものだ。我々の日誌の記述も、「それ」がどれほど身近に感じたか伝えないことには完全とは言えない[*06]。

いまでは、酸素不足に陥った登山者も同様の経験をすることがわかっている。自己像幻視は、こうした存在感覚のさらに上を行くものだ。自己像幻視の一種であるドッペルゲンガーでは、もうひとりの「自分」をはっきり見ている幻覚に襲われる。幻覚が情動をともなうことも多いし、前述の二一歳の青年のように、ほんものと幻覚のあいだを意識が行き来することもある。

だが自己像幻視のなかで最もよく知られ、体験者が多いのは体外離脱だろう。自分が身体から抜けだして、ベッドに横たわっている自分を天井から眺めているというのがよくある報告例だ。

アルツハイマー病のアランを取材をしていたときだ。妻のミケルとあれこれ話していて、体外離脱も取りあげるつもりだと言った。するとミケル自身が、アランと知りあうずっと前に強烈な体外離脱を経験していたことがわかった。当時彼女は三〇代で、四人目の子どもを妊娠中だった。予定日が近づき、ミケルは助産婦と医師の立ちあいで自宅で産むことを決めた。破水が始まった翌朝、医師は地元の産婦人科医院を訪ね、陣痛促進剤としても使われるピトシンを入手した。ミケルが錠剤を口に含むと、ほどなくして陣痛が始まった。鎮痛薬はあえて飲まなかったので、いよいよ胎児を外に押しだすというとき、痛みも最高潮になった。この瞬間、ミケルは身体から出ていったという。

「天井の隅から全体の様子を眺めていました。身体はそこに残したままです。痛みが強烈すぎて、上にあがってしまったんです。出産が終わると、すぐに身体に戻りました。あれはほんとに奇妙な経験でした」

感覚的にはほんの数秒間のできごとだったが、三〇年以上たってもミケルの脳裏に焼きついている。「人に話したことはほとんどありません。わかってくれそうな人にだけ打ちあけました」

体外離脱の経験を話したがらない人は多い。体外離脱では、身体と心の二重感覚を強く覚える。いつもは身体にしっかり錨をおろしている意識の中心が、ふらふらと外に出てしまうのだ。すでに触れたように、身体自己意識は自己感覚の土台であり、それが損なわれることが、身体完全同一性障害、統合失調症、さらには自閉症を引きおこす。ただいずれの場合も、意識の中心はしっかり身体につながっている。しかし体外離脱になると、この中心が動くのである――デカルト的二元論ということだろうか。だが体外離脱の二重感覚はあくまで幻覚であり、身体からの信号を脳が正しく統合できなかった結果だ。どんなに鮮明であろうと、脳の機能不全が引きおこした幻覚であることに変わりはない。それでもその仕組みを探ることで、脳がどのように自己を構築しているかという謎に、さらに近づけるはずだ。

＊＊＊

舞台はチューリヒ大学病院に戻る。これからペーター・ブルッガーの手引きで体外離脱を実体験しようというのだ。私はバーチャルリアリティ用ゴーグルを装着して、病院の廊下を歩いていた。ブルッガーは一メートルほどうしろからノートPCのカメラで私を撮影し、その映像をゴーグルに送りこむ。つまり私が見ているのは、一メートル先を歩いている自分のうしろ姿だ。白衣姿で白髪まじりのブルッガーは、開いたノートPCを両手に持ち、いかにも研究に没頭している教授だ。その前をゴーグルを着けた私がのろのろ歩く。廊下を行きかうインターンや病院職員には、さぞかし奇異に映ったことだろう。

だが実験はうまくいかなかった。もっとちゃんとしたビデオカメラを使い、ケーブルも長くしてブルッガーとの距離を開けるべきだった。それでも自分をうしろから眺めながら歩く奇妙な感覚はよくわかった。

ブルッガーがこの実験に最初に挑戦したのは一九九八年だ。そのときは本人がゴーグルを装着して一日中歩きまわり、三メートルほど離れたところからビデオカメラで撮影させた。花を摘んだり、ポストに手紙を投函したりする自分の行動を、すべて外部の視点から見たことになる。「とても奇妙で、自分がどこにいるのかわからなくなりました」とブルッガーは振りかえる。「行動を遂行している場所ではなく、それを見ている場所に存在している感覚になったのです」自分の居場所の感覚が数メートル下がって、実際の身体があるところから、映像上の場所に移ったのだ。まさにこれが体外離脱である。

この実験は条件を厳密に定めたものではなかったため、ブルッガーは正式な研究として発表はせず、『サイエンス』誌に掲載された別の論文で言及するにとどめた[*07]。

この実験の着想は、アメリカの心理学者ジョージ・マルコム・ストラットン（一八六五〜一九五七）から得たという。カリフォルニア大学バークレー校で研究生活の大半を過ごしたストラットンは、「実験心理学における最も有名な実験」で知られている[*08]。上下がひっくりかえる逆さ眼鏡をこしらえて、それをかけて三日間歩きまわったのだ。ただし見るのは右目だけ。上下さかさまの世界を両目で見ると完全に混乱するので、左目は見えないようにしておいた。眠るときも目が開かないよう革ひもでふさぐ念の入れようで、逆さ眼鏡で過ごした時間は全部で二一・五時間になった。

もともとは視覚の実験だったのだが、ストラットンは身体知覚が微妙に変わってきたことに気づいた。たとえば、何かに触れようとして手を伸ばすと、逆さ眼鏡をかけているから、視界のなかで腕は下からではなく上から出てくる。そのうち「自分の身体の各部が……ちがう場所についているように見えてきた[*09]」

これは何かある。そう考えたストラットンは、今度は鏡を使った装置で実験を行なった。一八九九年に発表した論文のなかで、自ら「いかれた実験」と呼んだほどの珍妙ぶりだ[*10]。まず特製のフレームを腰と肩にはめて、頭上に水平に鏡を固定した。さらに別の鏡を四五度の角度で目の前に取りつける。頭上の鏡の映像が斜めの鏡に映しだされるわけで、ストラットンは上から見おろした自分を眺める格好になる。これで三日間、合計二四時間過ごした。装置をはずすときや寝るときは、かならず目隠しをする。こうしてストラットンは、視覚と触覚の不調和を人為的につくりだした。手を伸ばして何かに触れれば、手にはその感触がある。だが目には鏡の映像しか入ってこないので、触覚がまったく別のところから来ていると伝えてくる。これを調整するのが脳の仕事なのだが、ここで興味ぶかいことが起きた。

ストラットンには、頭上から見おろした自分しか見えていない。そのためちょっとした行動や動作でも、鏡を凝視しなければならなかった。これを続けていた二日目の午後、ふと鏡の映像が自分の身体のような気がした。三日目になるとその感覚はさらに長く続くようになった。身体がどこにあるかという「感じ」と、ここにあるはずという「知識」をいちいち区別せず、快調に歩いているときはなおさらだった。「感受性が停滞した状態で歩いているとき、自分の精神が身体から外に出た感覚を覚えた」と本人は書いている。ストラットンは体外離脱を身をもって経験したのだ[*11]。

＊＊＊

体外離脱、自己像幻視、ドッペルゲンガーは、身体自己意識の基本的な側面をかいまみせてくれる窓のようなものだ。脳が描きだす身体の表象と、それを意識的に経験することが、自己意識の基礎になっていることが明らかになってきた。身体自己意識を持つ、自己性を身体化すると言っても、その意味するところはひとつではない。まず根本的なレベルでは、「自覚」の中心が定まる。自分が宿っている身体はまちがいなく自分のものという感覚——自己同一性と身体所有感覚もそう。身体が一定の空間を占有していて、そこに自分もいるという自己位置感覚や、ほかでもない自分の目で世界を眺めている感覚——哲学でいう一人称視点——もあるはずだ。

第3章で紹介したラバーハンド錯覚は、身体所有感覚を混乱させる古典的な実験だ。自分の手を隠した状態で、ゴム製の手をなでているところを見せられると、ほんとうになでられている感じがするのだ。一時的にゴムの手が身体自己意識に取りこまれ、無生命の物体に所有感が生じたのである。

スウェーデン、ストックホルムにあるカロリンスカ研究所のヘンリク・エーションが、ラバーハンド錯覚が起きている最中の脳をｆＭＲＩで調べてみると、おもしろいことがわかった。錯覚の強弱が前運動皮質の活動とぴったり連動していたのだ。前運動皮質は小脳や、視覚と触覚を処理する頭頂領域とネットワークを形成している[*12]。頭頂領域には、視覚、触覚、固有受容感覚を統合する場所があり、この領域が損傷すると四肢が自分のものに思えなくなることがある。

身体やその部位の所有感覚には、種類が異なる刺激をまとめる多感覚統合が大きく関わっているのではないか。エーションらはそう考えている。ふつうなら視覚、触覚、固有受容感覚はうまく調和がとれ、足並みがそろっている。それが「この身体は自分のもの」という感覚につながっている。ラバーハンド錯覚が起きていても、ほんものの手がリラックスした状態で、しかもゴム製の手から離れていないところにあれば、固有受容感覚のずれは最小限に抑えられる。脳が視覚刺激にだまされて触覚と統合させてしまうと、ゴムの手がほんものだと感じて、自分の手の所有感が失われる。所有感の切りかわりは生理学的な変化まで引きおこし、手の体温が1℃近く低下した[*13]。意識的にコントロールできない自律神経系が反応したのである。

私はエーションの研究室で、初めてラバーハンド錯覚を体験することができた（以前試みたときは失敗に終わっていた）。担当したのは博士研究員のアルヴィド・グーテルスタム。この実験は過去に数えきれないほどこなしているのでお手のものだ。おかげで私は強烈な錯覚を覚えることができた。ところが次の瞬間、グーテルスタムが妙なことを始めた。私の手を絵筆でなでつづけるいっぽう、ゴムの手のほうの絵筆を数センチ持ちあげて、空中でなでる動作を繰りかえしたのである。「えっ、これは何？」私は思わず声に出した。「すごく変だ。いったいどうなってる？」

グーテルスタムは空中で絵筆を動かしているだけなのに、私にはゴムの手がなでられている感触がはっきりあるのだ。

前運動皮質には受容野と呼ばれる領域があり、身体のどこかに直接触れたときだけでなく、すぐそばの空間、つまり身体近接空間を刺激されたときも活発になる。錯覚を起こした私の脳は、ほんものの手ではなくゴムの手が中心になるように身体地図を変更していた。そのためゴムの手のすぐ上が身体近接空間となり、絵筆の動きに受容野が反応したのだ。

エーションの研究チームは、ゴムの手がなくても錯覚が起こせることも実証した。隠した手を絵筆でなでながら、それに同期させて何もない空間で絵筆を動かすだけで、被験者はその空間でなでられている感触を覚えるのである[*14]。

科学的な解説はさておき、ラバーハンド錯覚をついに体験できた私が興奮していると、グーテルスタムにからかわれた。

「ずいぶんとだまされやすい脳をお持ちで」

脳をだまして、ゴムの手を自分の手と思いこませることができる――それはあくまで身体自己意識というジグソーパズルのピースのひとつ。手は身体の小さな一部に過ぎない。もっと大きく身体自己意識を操作できたりしないだろうか？　実はできるのである。

＊＊＊

トマス・メッツィンガーは、まだ若かった一九七〇年代後半から八〇年代はじめ、自らの体外離脱体験を話すかどうか迷っていた。哲学を勉強していて、意識の変容に並々ならぬ関心を持った彼は、フランクフルトの北西約一〇〇キロのヴェスターヴァルトで、一〇週間にわたる厳しいヨガ合宿に参加した。呼吸法、個人やグループでの瞑想といった日課を淡々とこなす毎日だ。ある週の木曜日、指導者の誕生日を祝うケーキが焼かれ、バターたっぷりのこくのあるケーキをメッツィンガーも食べた。その後気分が悪くなった彼は、ベッドに入って眠りに落ちた。

しばらくして目が覚めた。背中をかきたいが、腕が動かせない。全身が麻痺していた。次の瞬間、メッツィンガーの意識はらせんを描くように身体の外に出て、仰向けのままベッドの真上に浮かんだ。部屋は真っ暗だったので、向きを変えて自分の身体を見たりはできなかった。メッツィンガーは恐ろしくなったが、ほんとうの恐怖はそのあとだった。

部屋のなかに誰かがいることに気づいたのだ。息づかいがはっきりわかる。

「パニックでしたよ」フランクフルトから東に約五〇キロ離れた郊外の自宅で、ダイニングテーブルに腰かけたメッツィンガーは話を続けた。「誰かがいる。でも自分は身体を動かせない。というか身体と分離している。すごく気味が悪かった」

もちろん部屋には誰もいなかった。何年ものちに、メッツィンガーはこの体験を説明した論文に出会う。こうした解離状態では、自分が出す音を自分のものと認識できないのだという。メッツィンガーの場合は、自分の呼吸音がそうだった。だから誰かが呼吸しているという幻覚を感じたのである。

メッツィンガーは瞑想の講師たちにこのことを訴えたが、冷水のシャワーを浴びて、瞑想を少し減らすように言われただけだった。（メッツィンガーは瞑想訓練の支持者で、自分の教える学校でもその良さを伝えているが、指導者のなかに、こうした精神医学的な緊急事態に対応できる人間が少ない実態を懸念している。）

それからまもなく、メッツィンガーはリンブルクの南に引きこもった。身体と精神の問題を考察する博士論文を執筆するためだが、別の目的もあった。孤独で刺激の少ない状況にわが身を置いて、それがどんな影響をおよぼすか確かめたかったのだ。築三五〇年の家でひとり暮らしをしながら、羊の世話をして、一九ある養魚池の管理をする毎日。金がないので、フランクフルトにいる友人たちに電話をすることもできない。瞑想だけはたくさんやって、偶発的な体外離脱を何度か体験した。けれども、今度は好奇心と探究心が先に立って、この現象を理解してやろうという気になった。科学や哲学の文献をつぶさに調べてみたが、意識が脳から分離するといった話はどこにも出てこない。それでもメッツィンガー自身が、自己が身体から離れるという二重化現象をはっきり体験している。ただしそのことを打ちあけられるのはごく親しい友人だけだった。

精神と認知科学を探る新進の哲学者としては、経験的証拠をそろえたい。そこでメッツィンガーは、体外離脱でほんとうに脳と意識が別々になるのか、それが検証可能な現象として観察できるのか身をもって確かめたいと考えた。まずは体外離脱の恐怖心を克服しようとしたが、完全にコントロールすることはできなかった。その後も努力を重ねたものの、自己意識が身体から分離しているという証拠は、断片的にすら得られることはなかった。

メッツィンガーは他の研究者とも話をして、情報を交換した。そしてイギリスの心理学者スーザン・ブラックモアと激しい議論を重ねた末、ついにメッツィンガーは自分の体外離脱は幻覚だったと納得するに至った。

ブラックモアはメッツィンガーに質問を浴びせた。体外離脱のあいだは窓のそばにいたというが、ベッドに横たわっていた身体からどうやって移動したのか。歩いて行った？　それとも空中を泳いで？　しかしその動きは、実生活では決して体験できないものだった。「そこに行きたいと思った瞬間、移動している感じです」と彼は私に語った。

ブラックモアは、それは幻覚だと指摘した。頭のなかでここからあそこへと移っていった。言いかえれば脳がつくりだした寝室の内部モデルのなかで、ベッドと窓の脳内表象を移動しただけだというのだ。

もうひとつ、メッツィンガーが幻覚だと確信できる不思議なことがあった。例によって体外離脱が起こったあと、自分の身体に戻った彼は、妹にこのことを伝えようとベッドを出た。ところが妹は、「いま午前三時前よ。朝ごはんのときまで待てないの？」とにべもない——そのとき目覚まし時計が鳴って、メッツィンガーはもう一度目を覚ました。いま自分がいるのは、両親と妹が暮らすフランクフルトの家ではない。学生五人で共同生活をする家で、昼寝をしていただけだ。目が覚める夢を見るという「偽覚醒」を体験したのである。だがその前には、体外離脱をした夢を見ていた。「そのとき思いついたんです。意識変容にはいくつか段階があって、そのあいだを何度も移れるのではないかと」それまで鮮烈な体外離脱体験を何度もしていたので、ついにはその夢まで見るようになったのだ。

メッツィンガーの体外離脱は六、七回で終了した[*15]。だがこの経験をもとに、脳が体外離脱を引きおこす仕組みと自己との関連を考察して、「誰でもなくなるとき——主観性の自己モデル理論」と題した小論を書きあげた。これに目を留めたのが、スイス連邦工科大学の神経学者で、私も取材したオラフ・ブランケだ。

＊＊＊

ブランケは二〇〇二年に、四三歳の女性に体外離脱を複数回誘発することに成功していた。彼女は薬剤耐性の側頭葉てんかん患者で、脳スキャンでは病変が見つからなかったので、開頭手術でてんかんの焦点を特定することにした。ふつうの脳波計ではなく、頭蓋内に電極を差しこんで皮質表面の電気活動を直接記録するのだ。女性の同意を得て、ただ記録するだけでなく、電極を使って脳に刺激も与えてみた。こうすれば、突きとめた焦点がほんとうに合っているか確認できて、不要な部分を切除しなくてすむ。これはアメリカの脳神経外科医ワイルダー・ペンフィールドが開発した手法だが、脳のさまざまな領域の働きを把握するまたとない方法である。脳について得られた多くの知見は、意識がある状態で脳に電極刺激を受けることを許してくれた勇気ある人びとのおかげだ。

ブランケの女性患者の場合、右角回に刺激を与えると奇妙な感覚が引きおこされることがわかった。電流が弱いあいだは、「ベッドに沈みこむ」「高いところから落下する」感じだった。しかし電流を強くしたところ、「ベッドに横たわる自分を上から見ている」と言いだした。体外離脱である。右角回の近くにある前庭皮質は、内耳の前庭系から情報を受けとり、身体の姿勢を調節し、平衡感覚を保つ役割を果たしている。電気刺激によって、触覚などの感覚と前庭情報との統合が混乱し、体外離脱になったのではないか。ブランケはそう推測した［*16］。

体外離脱の研究をさらに掘りさげるなら、健康な被験者でラバーハンド錯覚の全身版を誘発できるかどうかも確かめたいところだ。二〇〇五年、メッツィンガーはブランケと、当時ブランケのもとで研究していたビグナ・レンゲンハーガーとチームを組んで、実験を行なうことにした。

実験のやりかたは単純明快だ。被験者が装着した3Dヘッドマウントディスプレイに、二メートルほど離れた背後から本人を映した映像を送りこむ。被験者に見えるのは、ディスプレイに映しだされた自分のうしろ姿だけ（これがラバーハンド実験におけるゴム製の手だ）。この状態で被験者の背中を棒でなでる。被験者は背中になでられる感触を覚えつつ、ディスプレイでその様子を背後から眺めることになる。映像はリアルタイムで流れるときと、ほんのわずか遅れるときと二通りにした。ラバーハンド錯覚と似たような設定の実験なので、当然結果も同じになる。リアルタイム映像の場合、被験者はディスプレイに映る自分をほんものの身体のように感じたのだ［*17］。

数年後、ブランケらはさらに踏みこんだ実験を行なった。被験者はヘッドマウントディスプレイを装着して脳スキャン装置に入る。うつぶせになった被験者の背中をロボットアームがなで、その様子がディスプレイに映されるのだ。ここでもリアルタイム映像と、時間差映像の二種類が用意された。すると一部の被験者では、位置感覚と身体所有感覚の混乱が生じた。なかにはスキャン装置内で、顔だけ起こしてうつぶせになっているにもかかわらず、「自分の身体を上から見ている」という報告まであった[*18]。

「これには興奮しました。古典的な体外離脱体験にきわめて近い状態だったからです」と語るのはレンゲンハーガーだ。彼女はいま、チューリヒ大学病院のペーター・ブルッガーの研究室に所属している。

実験中の被験者の脳スキャンから、体外離脱は側頭頭頂接合部の活動と連動していることがわかった。触覚、視覚、固有受容感覚、前庭の情報を統合するところだ。自分がいまどこにいるかを把握する自己位置感覚が、側頭頭頂接合部に関係している客観的な証拠が得られたことになる。

ローザンヌのブランケの研究室を訪ねたら、学生のペトル・マックに体外離脱を試してみますかと言われて二つ返事で飛びついた。実はそれも訪問の目的のひとつだったのだ。脳スキャン以外はまったく同じ設定でやってみたが、パリから移動した直後で気が張っていたのと、期待が大きすぎたこともあるのだろう。幻覚は起こらなかった。それに全身錯覚はとても弱く、全員に起きるわけではないらしい。私もちょっと奇妙な感じがしたものの、それだけだった。

ストックホルムのヘンリク・エーションの研究室(ラバーハンド錯覚に成功したところだ)でも、全身錯覚のお試しをさせてもらった[*19]。このときはヘッドマウントディスプレイを装着して、等身大のマネキン人形と向かいあわせに立つ。マネキンの目にはカメラが仕込んであり、腹と両手を見おろす角度に設定してあった。このカメラの映像が、私のディスプレイに送られる。ラバーハンド実験の名手、アルヴィド・グーテルスタムが、ここでもみごとにやってくれた。大きな絵筆で、マネキンと私の腹と両手を同時になでる。私は自分の身体に絵筆の先を感じつつ、映像ではなでられるマネキンを見ていることになる。腹をなでられているときは（いくらだまされやすい私の脳でも）何も起こらなかった。ところが数分たって指をなでられたら、マネキンの指に絵筆が当たる感触を覚えた。マネキンの全身ではないけれど、指だけは自分のものに感じることができたのだ。

エーションの研究チームは、同じ実験を脳スキャン装置のなかでやってみたところ、被験者の多くがマネキンの全身と一体化して、マネキンの身体が自分のものと感じた。このときの脳スキャン映像から、左右の腹側運動前野、それに左の頭頂間溝皮質と被殻の左側が、身体所有感覚と相関関係にあることが判明した。とくに関係が強いのは腹側運動前野だ[*20]。マカク属のサルを使った複数の研究で、これらの領域のニューロンが視覚と触覚、固有受容感覚の統合も行なっていることがわかっている。

身体所有感覚、自己位置感覚、さらには自己が観察するときの視点まで、自己感覚を構成する側面を、私たちはあって当然、変わらなくて当たり前と思っている。ところが実際には、健康な人でさえあっけなく崩壊することがあるのだ。

さらに研究では、自己位置、自己同一性、一人称視点は脳の異なる領域が触覚、視覚、固有受容感覚、前庭感覚を各自で統合した結果生じるものであり、それが自己性の側面を構築していることもわかってきた。たとえばエーション研究室が行なった全身錯覚実験では、身体所有感覚を操作することに成功し、それに関連する脳の領域（主に腹側運動前野）も特定することができた。いっぽうブランケ研究室の実験は視点と自己位置の感覚を混乱させ、これには側頭頭頂接合部が大きく関係している可能性を示した。

脳の細かい領域はさておき、重要なのは自己位置感覚、自己同一性、一人称視点を脳が構築しているということ。脳は身体を軸とする基準枠を設定していて、知覚されるすべてのものは基準枠との対比で暗示されているのだ。

これまでは外からの刺激と、身体や各部の向きの情報を統合する話をしてきた。だが、ふだん私たちは気づいていないが、刺激には身体の内部、とくに内臓から発信されるものがある（心拍、血圧、胃腸の状態など）。こうした内部刺激は情動や感情には欠かせないもので、その経路がふさがれると離人症になって、自分が他人のような感覚に陥る。自己の錨をしっかり身体におろすには、内部刺激と外部刺激、それに位置感覚や平衡感覚を脳が正しく統合できていなくてはならない。それを担当する領域に異変が起きると、体外離脱といった強烈な幻覚につながる。アシュウィンが運転中に体験し、ブルッガーの患者が四階から飛びおりたドッペルゲンガーもそうだろう。

ドッペルゲンガーで目を惹く特徴のひとつが、鮮烈な情動をともなっていることで、それが背景にある脳の仕組みを探る手がかりにもなる。ドッペルゲンガーの報告はあまたあれど、クリスという青年の例ほど強い情動が現われたものはない。何しろ自分の分身が、エイズで死んだばかりの弟と話をしたのだから。

＊＊＊

サンフランシスコのベイエリアで育ったクリスには、七歳離れた弟のデヴィッドがいた。子どものころは「兄弟らしく」けんかばかりしていたが、クリスが両親の家を出てから、おたがいを大切に思うようになった。それから一〇年のあいだに、二人はますます仲よくなった。兄弟がいっしょのときは冗談が飛びかい、「わが家の底抜けコンビ」だったという。弟のデヴィッドがボケ役のジェリー・ルイス、兄のクリスがツッコミ役のディーン・マーティンだ。二人はおバカな賭けもよくやった。たとえばデヴィッドが、一キログラム近いチェダーチーズをいっぺんに食べてみせると宣言する。家族全員が見まもるなか、デヴィッドはチーズを口に押しこんだが、途中で笑いが止まらなくなり、溶けたチーズをよだれのようにたれ流して幕切れとなった。

兄弟の悪ふざけは情け容赦がなかった。なかでもクリスがよく覚えているのは、デヴィッドがアフロヘアにしていたときのできごとだ。家の外で温水器を修理していたクリスは、大きなアリゲータートカゲを見つけた。クリスはそれを捕まえてオーバーオールのポケットに隠し、家に入る。居間ではデヴィッドが家族とテレビを見ていた。クリスは背後からそっと近づいて、デヴィッドの頭にトカゲを置いた。

デヴィッドは兄が何かしているとは思ったが、無視していた。「次の瞬間、トカゲが動きだして、頭の上から顔を通り、胸に着地したんです。弟は悲鳴をあげて椅子から飛びあがり、部屋中を駆けまわった。床から五〇センチはジャンプしていたよ」いたずらだとわかって、デヴィッドも大笑いした。それから家族総出で一時間近くトカゲを捜索したが、結局見つからなかった。

デヴィッドが一六歳になったとき、週末をいっしょに過ごそうとクリスに声をかけた。二日丸ごととはめずらしい、これは何かあるなとクリスは思ったが、おおよそ見当はついていた。滞在も終わりに近づいて、デヴィッドが緊張ぎみに口を開いた。「クリス、聞いてほしいことがある。ぼくはゲイだ」

「なんだ、ぼくの知らない話をしてくれよ」クリスは返した。

「え？　知ってたの？」

「おまえが九歳のときから気づいてた。ぼくは兄貴だぜ。わからないはずないだろ？」

デヴィッドは両親にも打ちあけた。両親、とくに母親は驚き、ひどく落ちこんだ。その様子にクリスは激怒して、ストレートである自分と弟はどこがちがうんだと詰めよった。「親にたてついたというか、きつい言葉を正面からぶつけたんだ」それでも家族はすぐに元どおりになった。

数年後、デヴィッドはＨＩＶに感染したとクリスに伝えた。クリスは振りかえる。「弟はサンフランシスコで危ない連中と派手に遊んでいた。七〇年代終わりから八〇年代はじめのサンフランシスコは、それまでの常識ではちょっと考えられない状況だった」ちょうどエイズが蔓延しはじめたときで、有効な薬もまだなかった。先は長くないとわかっていたデヴィッドは、葬儀で読みあげる弔辞を書いてほしいと兄に頼んできたのだ。

「死んじゃだめだ。ぼくひとりになってしまう」クリスは弟に哀願した。「底抜けコンビにならないじゃないか」何十年も前のことを話しているのに、クリスの声は震えていた。こみあげる悲しみを抑えることができなかったのだ。

デヴィッドは家族の腕に抱かれて息を引きとった。葬儀ではクリスと父親があいさつに立ち、父親はデヴィッドのまじめな一面を、クリスは底抜けコンビの話を紹介した。そしてデヴィッドが望んだとおり、キルトを着たスコットランド人のバグパイプ奏者が「アメイジング・グレイス」を演奏した。

それから二か月ほどたったある夜、クリスはふと眠りから覚めた。まだ深夜だ。ベッドからおりて、部屋の反対側にあるドレッサーのほうに歩いていった。身体を伸ばし、振りかえったとき、信じられないものが目に飛びこんだ。

「電気が走ったような衝撃でした。だって自分がベッドにまだいて、眠っているんです。まちがいなく自分です。一瞬、自分が死んでしまったのかと思いました。死んだ直後はこうなるのかと。驚きで息もできず、どういうことかと頭が混乱するばかりでした」

そのとき、電話が鳴った。

「どうしてだか、受話器を取って『もしもし』と応じたんです。電話の相手はデヴィッドでした。声ですぐわかりました。びっくりすると同時に、喜びが押しよせてました」だが弟とは長くは話せなかった。「あまり時間がないけど、自分は大丈夫だと知らせたかった。家族のみんなによろしく。

そう言って電話は切れました」

「そのあと、何か強い力に吸いこまれそうになりました」クリスはその感覚を長い擬音で表現した。

「引きずられ、放りだされるようにベッドに戻り、自分の身体に入ったんです」クリスは悲鳴をあげて目を覚ました。隣で寝ていた妻のソニアが、狂乱するクリスを起こしたのだ。

「強烈な体験で、全身汗びっしょりでぶるぶる震え、心臓は競走馬みたいに脈打っていました」

クリスの父親は著名な科学者で、家族はみんな合理的な思考の持ち主だ。だからクリスはこの体験が腑に落ちない。「デヴィッドが無事を知らせようと、死の世界から話しかけてくれたんだ――直後はそんな気がしてならなかった。いっぽうで理性的な自分が、そんなバカな話があるかと否定します。けれども合理的な説明なんてできない。それほど鮮明な体験だったんです」

＊＊＊

クリスが体験したのは、ドッペルゲンガーのとびきり強烈なものだ。神経科学の世界ではホートスコピーとも呼ばれ、体外離脱とはいろんな点で異なっている。

体外離脱の場合、意識の中心である自己がほんものの身体から離れる。空間内で認識する位置が身体と異なるし、視点も別のものになって、離れた身体には生命が宿っていないと感じる。

ホートスコピーでは、幻覚の身体を感じることができる。意識の中心が、ほんものの身体から幻覚の身体に移動して、また戻るのだ。どちらの身体にいるときも、自己位置感覚、自己同一性があって、空間の一部を自分の身体が占有していると感じる。当然のことながら、視点も変わる。クリスの場合は、幻覚の身体からほんものの身体に吸いこまれるように戻って終了した。しかしブルッガーの若い患者のように、二つの身体を何回も行き来することもある。

ホートスコピーの重要な特徴は、強い情動の存在と感覚運動系の関与だ。「多くの場合、分身は自由に動きまわり、感情や思考を伝えることもできます。だからドッペルゲンガーだという印象を受けるのです」と神経学者ルカス・ハイドリヒは解説する。彼は取材当時、スイス連邦工科大学ローザンヌ校に所属していた。

分身が見えるだけで、自分はほんものの身体に留まっているときと、分身とほんもののあいだで視点が切りかわり、分身とやりとりできるときでは、神経活動（というか神経の相互作用）がどうちがうのか。それを突きとめようと、ハイドリヒとオラフ・ブランケは自己像幻視を体験した脳損傷患者をくわしく調べてみた[*21]。二〇一三年に発表された研究結果は、取りあげた症例数がこれまでで最も多く、自己像幻視を探るうえで欠かせない資料となっている。

分身が見えるだけの自己像幻視を体験している患者は、後頭皮質に損傷がある。この場合、自己位置感覚、自己同一性、一人称視点はそのまま保たれているので、原因は身体自己意識の阻害ではなさそうだ。むしろ視覚情報と体性感覚情報の統合が失敗した結果ではないか――ハイドリヒとブランケはそうにらんだ。

対してホートスコピー体験者は、左の後部島皮質とその近接領域に損傷が見られた。ホートスコピーには強い情動が存在するので、島皮質の関与は意外だ。島皮質の活動が低下する離人症性障害では、情動が鈍化する症状が見られた(ノヴァスコシアのタトゥー男、ニコラスも胸に迫るような情動を体験したことがない)。島皮質は視覚、聴覚、体性感覚、運動感覚、固有受容感覚、前庭感覚と、体内からの感覚を統合する役目がある。身体の状態が表象され、それが主観的な感情として顕在化するのがこの場所なのだ。

ハイドリヒとブランケは、島皮質での情報統合のつまずきがドッペルゲンガーを引きおこすという仮説を立てた。万事順調なとき、島皮質、とくに前部が身体の主観的感覚をつくりだしていると考えられる——この知覚には情動や行動も含まれる。

ところがこの統合がうまくいかないと、身体の表象が二つできたような状態になり、どちらに自己を固定するか、つまり自己位置感覚、自己同一性、一人称視点を付与するか脳が選ばなくてはならない。基本的な身体自己意識を定めるこれら三要素が、座標の中心に位置していないほうの身体表象に付与されたとき、幻視が起こるのではないだろうか。

自己が身体化されている感じ——ミニマル・セルフ(minimal phenomenal self)とも呼ばれる——を得るには、最低限何が必要なのか。身体自己意識が阻害された状態を調べれば、それがわかるのではないか。メッツィンガーとブランケはそう考える[*22]。まず自己主体感はなくてもよさそうだ。視覚をずらした状態で背中をなでるだけで、別の場所にある身体を感じてしまうのだから。メッツィンガーはこう話す。「自己意識には何が必要で、何があれば足りるのか。哲学者としては、それをぜひ知りたい。ほとんどの人が必要だと思っていることが、実は必要なかったりするのです。自己主体感がそうです」

ミニマル・セルフは、身体化された自己の原始的なものだ。身体化されている感覚は、前内省的、前言語的な段階の自己性だとメッツィンガーは主張する——「私は思う」といった人称代名詞の使いかたを覚えるよりずっと前の話だ。そこにはナラティブは存在しない。身体を感じる生命体がいるだけ。ただの身体化に過ぎない原始的な自己性だが、一歩前進すると、主体としての自己性になる。「自分が身体に宿っていると感じ、さらに注意の向けかたをコントロールできるようになれば、自己性としてより強力になります。独自の視点を持ち、世界に向きあうだけでなく、自らにも向きあえる何かになったら、もうそれは単純な身体化ではありません」

自己をめぐる議論の核心が近づいてきた。哲学者や神経科学者が関心を持っているのは、自己の主観なのだ。それはどこから来るのか？　もちろん意見はいろいろだ。たとえばブランケは、「注意」がないと主観的な強い自己性が成立しないというメッツィンガーの主張には反対だ。身体所有感覚、身体位置感覚、一人称視点の組みあわせで生まれる自己性は、注意から独立しているはずだとブランケは考える。だがあいにく、両者の意見を判定できるような経験的データは見つかっていない。それに見解が一致していなくても、自己像幻視という現象を突きつめることで、「私」つまり主体としての自己の理解にかつてないほど近づけるのだと思うと、胸がわくわくする。

そもそも、なぜ進化はミニマル・セルフなるものを発達させたのか。生命体が環境のなかで自らを配置し、より良い形で機能するための適応だったと考えるのが妥当だろう。身体が予想外の事態を回避し、恒常性を保てるように、そして環境のなかで効果的に動きまわれるように手助けをする――そのために脳が進化してきたのだとすれば、各種能力を微調整するうえで、脳内に身体表象を形成することは欠かせない作業だ。この身体表象が意識されて、身体の強みや弱点に生命体が気づくことができれば、生存は有利になったはず。そうやって進化のなかで磨かれていったのが、この場合は身体的特質ではなく自己だったということなのだ。

＊＊＊

脳は身体をモデル化するが、それだけでは「この身体は私のもの」という身体所有感覚にはならない。脳は外界にある事物もモデル化するが、自分がそれとつながっている感覚までは生まれない。ラバーハンド錯覚で考えてみよう。錯覚に陥ると、ゴムの手が自分の手のように感じる。だがそうでなければ、ゴムの手に「私のもの」という感じを持つことはない。身体完全同一性障害の章で紹介したメッツィンガーの現象的自己モデル（ＰＳＭ）にもとづくならば、一種の「表象主義」的な説明ができる。ゴムの手が、脳が構築した世界モデルのなかにあるかぎりは、「私のもの」という感覚は生まれない。しかし現象的自己モデルに組みこまれたとたん、私のものになるのだ。

「私のもの」感覚には別の説明もあって、それは統合失調症の研究に手がかりがある。自己主体感——行動の開始者は自分であり、「この行動は私のもの」という感覚——は、運動的行動の結果を脳が正しく予測したところに生まれるというものだ。予測を実際の行動結果と比較する段階（要するに途中のどこか）で失敗すると、自分の行動という感覚は生まれず、外部の動作主——非自己——の行動になる。

身体所有感覚も同じ仕組みで出てくるのだろうか？ 哲学者ジェイコブ・ホーウィは、行動であれ知覚であれ、「これは私のもの」という感覚は予測する脳の産物だろうと主張している[*23]。内部モデルを活用して感覚情報の原因を予測するとき、なるべくエラーを少なくするのが脳の務めだ。自己主体感が成功した予測から生まれるのであれば、身体所有感覚のほうも、全身に関する最小エラーの予測が生みだしているのだ。

＊＊＊

ミニマル・セルフや、拡大されたナラティブ・セルフをめぐる議論を見ていると、自己とは玉ねぎのような層になっている、あるいはオレンジのように小袋に分かれていると誤解されそうだ。進化生物学の観点からすれば、ナラティブ・セルフは身体自己意識やミニマル・セルフのあとに進化したものだ。しかしいま私たちが持つ複雑な自己においては、身体自己意識がナラティブに情報を提供する、反対にナラティブが身体の感じかたを変える、またナラティブが文化的な文脈の影響を受けるということがふつうに起きている。そうした神経科学の最新知識を踏まえると、少なくとも人間として機能するかぎりにおいては、脳、身体、精神、自己、社会は不可分なものと言えるだろう。

では、そんな結びつきはどうやって確認すればいいだろう。体外離脱が起きているときは知覚が変化したり、ナラティブ・セルフの構築が影響を受けたりするのだろうか。

エーションの研究チームは、せいぜい三〇センチのバービー人形から、身長四メートルの巨人まで、極端な大きさの仮想身体で全身錯覚を起こし、いろんな大きさの立方体を見せて感じかたを調べた。するとバービー人形になった被験者は、立方体が実際より大きく、また遠くにあるように見え、巨人になった被験者は、反対に小さく、近くにあるように見えた。研究チームは「外界を眺めるとき、身体サイズがだいたいの参考になっている」と結論づけた[*24]。自己感覚にとって身体化がとりわけ重要であることが、この結果からよくわかる。

エーションらは、体外離脱がエピソード記憶に与える影響も調べてみた。ヘッドマウントディスプレイに絵筆というおなじみの道具で全身錯覚を起こす。被験者は実際の位置とはちがうところから、部屋を眺めているように感じている。そこに教授役の役者が登場して、被験者に口頭試問を始める（教授役も被験者もみんな大学生だ）。教授役のせりふは、ハロルド・ピンターの戯曲「景気づけに一杯」の翻案だ（原作のままだと「暗くて重たすぎるから」とエーションは解説してくれた）。

体外離脱という錯覚は、エピソード記憶の定着を悪くするのではないか。この実験で確かめたいのはそこだった。情報をエンコードしてエピソード記憶にする能力は（第2章のアランの例で見たように、ナラティブ・セルフにはエピソード記憶が不可欠だ）、身体化がきちんとできているかどうかに左右されるのでは？

答えはイエス。体外離脱中の被験者は、体内滞在の被験者にくらべると、口頭試問のエピソード記憶が弱かったのだ[*25]。「記憶は鮮明でなく、時空間の並びがおかしくなっていました」エーションはメールでそう教えてくれた。

でも体外離脱やホートスコピーの体験者は、そのときのことをはっきり思いだせる。これはどういうこと？「離脱していないときの同じ体験より、記憶はぼやけ、時系列も乱れていた（断片的で一貫性がない）はずです」少なくとも最初はそうなのだ。しかし、繰りかえし語るうちに断片がまとまってきて、具体的に想起し、語れるようになる。体外離脱には情動が揺さぶられる劇的な要素があり、それが記憶の欠落を補っているとも考えられる。ともあれ進化したナラティブ・セルフは、いろいろな意味で身体化された自己が土台になっているようだ。

実験で誘発された錯覚にしろ、主観的な体験談にしろ、ナラティブ・セルフが完全に停止することはない。だが悲しいかなアルツハイマー病ではそれが起きてしまうし、他の認知機能も低下して、患者は衰弱していく。では、たとえナラティブ・セルフのおしゃべりがなくとも、身体自己意識としていまの瞬間だけを感じて生きることはできるのか？ミステリーというか、ニューエイジっぽく聞こえるが、次に踏みこむのはそういう話だ。

第8章

いまここにいる、誰でもない私

恍惚てんかんと無限の自己

知覚の扉を洗いきよめたならば、すべてが無限でありのままに見えるだろう。

ウィリアム・ブレイク[＊01]

ふだんでは考えられず、未体験の者には想像もつかない幸福感がある……自分自身および宇宙全体と完璧に調和しているのだ。

フョードル・ドストエフスキー[＊02]

ザックことザカリーに最初のてんかん発作が起きたのは一八歳。ウェスタンミシガン大学の二年生のときだった。季節は冬で、大学があるミシガン州カラマズーの冬は寒く、暗く、雲がたれこめている。寮の自室に彼女といたとき、とつぜんパニックになった。死にたくなるほど気分が落ちこんで、鳴ってないはずの音楽が頭のなかで聞こえてくる。怖くなったザックが、近くにある彼女の自宅に連れていってくれと頼むと、彼女はしぶしぶ応じてくれた。発作は何とかおさまったものの、消耗がひどかった。ただのパニック発作だし、もう二度とないだろう――ザックはそう思ったが、それから毎日のように発作が起きた。

疲労困憊したザックは、医者に行く元気もなくなった。それでも発作の合間で少し気分がいいときに診察を受けたら、精神科医に行けと言われ、精神科医はすぐに神経科医を紹介した。脳波とMRIで異常は見つからず、とりあえず抗てんかん薬のテグレトールの服用を開始する。それでも発作は続き、ひどいときは一日に二、三回も起きた。薬の量も増えて、とうとう一〇〇〇ミリグラムにまでなった。「ずいぶんたってセカンドオピニオンを受けたとき、医師は薬の量を知って腰を抜かしましたよ。薬の影響を少しずつ抜くために、入院までさせられました」

だが最初の診断からセカンドオピニオンまでのあいだに、ザックの状態はかなり悪化してしまった。まず短期記憶が極端に低下した（テグレトールの副作用だった）。大学では数学を専攻していたが、いつ、どこで授業を受ければいいのか覚えられないので、予定表を肌身離さず持ちあるいた。発作が始まる前は、高度な微積分や非ユークリッド幾何学、群論だってお手のものだったのに、試験で苦戦するようになった。だが反対に哲学の成績は上がった。こちらは教室の試験ではなく、自室でメモを見ながら書けるレポートで評価される。つまり記憶に頼る必要がなかったのだ。「数学の成績は急降下なのに、哲学関係の講義はオールAでした」

もちろん発作は続いていた。発作が来ると無気力になって、話すことも歩くこともできない。やがて発作が来そうだとわかるようになった。そんなときは、大学のなかでいちばん歴史があり、いまやカラマズーの町全体でも貴重な建物が残っている一画に向かう。「どん底に突きおとされるような悲しみが押しよせて、自殺する気力もなくなる。そんな切迫した状況がとつぜん訪れて、消えるときもあっというまです」

悲観的な情動が強烈すぎて最初は気づかなかったのだが、ザックにはもうひとつ別の種類の発作があった。回数は少なく、いつやってくるかわからないが、舞いあがるほど楽しくなるのだ。子どものころから経験していたかもしれないが、記憶にあるのはやはり大学時代だ。この発作が起きると、世界がくっきりあざやかになる。まるでフラットスクリーンから、いきなり立体感あふれる現実が立ちあがってきたようだ。いつもなら見過ごすようなところまでよくわかる。「写真でしか木を見たことのなかった人が、ほんものの木を目にしたときのようです。木全体の細部から質感まで、何もかも飛びこんでくるんです。実に美しい光景でした」

時間の流れまで遅くなった。一ブロックを歩くほんの数分が、一時間にも感じる。「時間が引きのばされたみたいでした。同じ一秒でも、いつもより多くのことが経験できるんです」表現を変えれば、ザックは瞬間を生きていたことになる。「自分がいるべき場所はここしかない。この場所にだけ集中していました。一時間後、一年後に何が起きるかなんて心配はどこにもなかった」

それはめずらしい経験なのか。

「もちろんですよ」ザックは私の質問に笑いながら答えた。「ふだんのぼくはふらふらしてますから」

世界の見えかたや時間の流れもさることながら、いちばん強く印象に残っているのは確定感だ。「配置や構図が完璧な写真や絵を見ているようでした。すべてのものがあるべきところに置かれて、美しさを感じさせる。カラマズーはうるわしい町ではありません。灰色で雰囲気も重苦しく、ふだんは美しいなんて思ったこともないのに」

さらに明快な確信感もあった。「周囲のことはすべて直接わかっていて、推測の入る余地がないと感じるんです。世界はこうだ、こうあるべき、こうなっていて当然という妙な確信がありました。ほんと、いったいどういうことだったのか。テーブル、椅子、木といったありきたりのものさえ、意図があって厳密に配置されている。背後で大きな力が働いているとしか思えませんでした」

ザックの話は、不思議な空想物語の描写にしか聞こえない。そう言うとザックもうなずいた。子どものころから無神論者だった彼は、自分の経験を神のしわざに結びつけることはなかった。「でも神秘主義者が語るのはこういうことなんだと思います」

ザックはいまも無神論者だ。ミズーリ大学コロンビア校で哲学の准教授をしていることも手伝って、懐疑主義はいっそう強くなっている。ただそれでも、発作に苦しんでいたときの「真実」を否定することはできないと苦渋の表情で語る。「発作が起きていたとき、大きな力の存在に疑いをはさむなんて無理でした。それは絶対的な信念であり、論じるまでもないこと、持つ持たないを選べるようなことではなかったんです」

＊＊＊

この話をフョードル・ドストエフスキーが聞いたら、わが意を得たりと思っただろう。ロシアを代表する作家ドストエフスキーは、てんかんをわずらっていたことでも有名だ。発作が起きると、「世界でいちばん大切なものをなくしたような、誰かを埋葬したあとのような」底なしの不安を感じると妻のアンナに語っている[＊03]。そのいっぽう、発作で意識を失う直前に、気分がどこまでも高揚することがあった。伝記を執筆したニコライ・ストラホフに本人はこう話した。「ふだんでは考えられず、未体験の者には想像もつかない幸福感がある……自分自身および宇宙全体と完璧に調和しているのだ。これほど幸福な時間をほんの数秒でも味わえるなら、人生の一〇年、いやすべてを差しだしてもいいと思えるほどだ[＊04]」

ドストエフスキー作品の登場人物にもてんかん患者が数多く登場する。『白痴』の主人公ムイシュキン公爵は、発作が始まるときに恍惚感の前兆《オーラ》を感じる。「心と頭と身体が一瞬にして目覚め、力と光がみなぎってくる。喜びと希望に満たされ、あらゆる不安が完全に押しながされる」のだ[*05]。彼は邪悪なロゴージンに、「もう時間は存在しなくなる――そんな言葉の意味さえ、そのときは理解できてしまうのだ」とも語っている[*06]。ムイシュキンは、これは病気のせいであり、自分は高等どころか低次元の存在なのだと理解しているが、恍惚の瞬間こそが真実であるという思いを捨てきれない。それでいいではないか、とムイシュキンは考える。「その瞬間を呼びおこして分析すれば、そこには最高の調和と美が完成した深遠な感覚がある。無限の歓喜と恍惚、忘我があふれだし、これ以上ないほど完璧な人生が現われる[*07]」

ムイシュキンの前兆の描写は天才作家の創作なのか。フランスの神経学者アンリ・ガストーはさまざまな証拠を分析したうえで、一九七七年に論文を発表した。「ドストエフスキーのてんかんの大発作には、こうした恍惚の前兆はなかったと考える。ただし意識の軽い変容が起きたとき、作家の独創や文学的才能ゆえに、幸福感と呼べるような状態に陥ったことはまれにあっただろう[*08]」

けれどもこの主張はほどなくしてくつがえされる。一九八〇年、イタリアの神経学者グループが、一三歳のときから恍惚発作を体験していた三〇歳男性の例を報告したのだ。本人は医者に行く必要を感じていなかったが、強直間代《きょうちょくかんたい》発作、いわゆる大発作が起きて神経科医の診察を受けることになったのだ。神経科医の報告は実に詳細だ。

本人いわく、そのときの快感は強烈で、現実でたとえるものが見つからない……感情にしても、情緒や思考にしても、ひっかかりのあるものは不在になり、完全なる幸福感に精神だけでなく存在全体が浸る……唯一比較できるとしたら音楽がもたらす喜びで、性的快感とはまったく別物だと彼は主張する。一度性交中に発作が起きたときは、行為だけは機械的に続けていたが、精神的には発作がもたらす喜びに我を忘れていたという。ただし神経学的な検査では裏づけは得られなかった[*09]。

医師たちは、恍惚感がある発作の最中に脳波を測定してみた。その結果から、側頭葉の発作で恍惚感を感じることがあると判明した。

最近になって、スイスのジュネーヴ大学病院に勤務する神経科医、ファビエンヌ・ピカールがドキュメンタリー番組「アートとてんかん」を制作することになった。就寝中に起きやすい夜間前頭葉てんかんを専門に研究していたピカールは、このとき初めてドストエフスキーのてんかんに関する記述や、てんかんを持つ登場人物に出会った。そしてあらためて自分の患者たちに注目すると、「彼らの語る感覚がドストエフスキーの記述にとても近かった」ことに驚いたという。

てんかん発作には全般発作と部分発作がある。全般発作は皮質全体でニューロンの異常放電が起きるもの。意識喪失につながることが多い。恍惚発作は部分発作のひとつで、異常放電の場所が限定されており、患者はおおむね意識を保っている。

ただ医学文献を見ても、恍惚発作の詳細な記述はほとんどない。これについてピカールは次のように話す。「たしかに頻繁に起きるものではありませんが、患者が話すのをためらうせいで、きちんと評価されていないんだと思います。奇妙で強烈な情動を体験した患者は、医者に頭がおかしくなったと思われたくなくて、口に出せないんでしょう」発作で感じるのが幸福感や快感であるために、病気が進行して意識喪失が起きたり、他の問題が起きるまで医者に行かない人もいるだろう。

ピカールが患者から恍惚発作の体験を聞きだした結果、発作の内容が大きく三種類に分けられることがわかった。

ひとつが「自己意識の高揚」だ。教師をしている五三歳の女性は、こう話している。「意識がものすごく鮮明になって、すべてが自覚され、感情が圧倒的に大きくなりました[*10]」

次は「身体の安寧感」だ。三七歳の男性は、「悪いものから守られているような、ベルベットの感触」と表現した[*11]。

三番目は「強烈な肯定的情動」だ。六四歳の女性患者の表現がよくわかる。「私の場合、身体の感覚をはるかに上まわる喜びに満たされます。自分自身が完璧に統合されて、身体全体と自分自身が、人生と、世界と、そして『すべて』と信じられないくらい調和するんです[*12]」

患者たちの証言を受けて脳に目を向けると、島皮質という領域が浮上してくる。アリゾナ州フェニックスにあるバロー神経学研究所の神経解剖学者、バド・クレイグもそこに注目した。二〇〇二年、クレイグは『ネイチャー・レビューズ・ニューロサイエンス』に「どんな感じですか？」と題する論文を発表した。二〇〇九年にはその続編にあたる「いまはどんな感じですか――前部島皮質と人間の自覚的意識」も同誌に掲載されている。クレイグは前部島皮質が自覚の鍵を握っていて、「知覚される自己（sentient self）」があるのもここではないかと仮定し、自らのものも含めて、過去の実験研究を集めて分析した。

コタール症候群、離人症性障害、ドッペルゲンガーに島皮質が関わっていることはすでに見てきた。いずれも身体状態と情動の知覚がゆがんだために起きる。脳の前頭葉および頭頂葉を、側頭葉と区分けしているのが外側溝だが、その外側溝のなかに深くうずもれているのが島皮質だ。体内状態と外部からの刺激を統合するのが主な役目だが、島皮質の後部から前部へと処理が移るにつれて、情報が高度化していくこともわかっている。後部が表象するのが体温などの客観的性質であるのに対し、前部は良い悪いに関係なく、主観的な身体状態の感覚や情動を生みだしている。つまり「いま存在している」感覚は、前部島皮質で生まれている可能性があるのだ。

クレイグのこの仮説に、ピカールは大いに関心を持った。ピカールの患者が語る恍惚発作の描写は、島皮質、それも前部島皮質の機能不全に関係ありそうだと感じたのだ。それを強く示唆していたのが、恍惚発作を「ベルベット」にたとえた三七歳の男性患者だった。この患者は右側頭部にあった腫瘍を一九九六年に切除し、その後は発作が起きていなかった。しかし二〇〇二年、回数は少ないものの発作が再発する。男性の同意を得て、発作中に脳SPECT検査を実施してみた。放射性同位元素を体内に注入すると、脳の血流の多いところ、つまり活動がさかんなところに約三〇秒で吸収される。三〇分後に脳スキャンで調べれば、発作中に最も活発だった場所が特定できるのだ。この男性の場合は、右の前部島皮質だった。

　ピカールはさらに二名の患者を検査した。そのひとりが、ピカールに恍惚発作の貴重な証言をしてくれたザカリー・エルンストだ。もうひとりはスイスのロモンで農業をしている一七歳の少年で、発作の精密検査のためにジュネーヴに来ていた。ピカールに頼まれた少年は詳細なレポートを書き、そのなかで「不在」と呼ぶ状態に触れていた。意識を失うことは大きな不在だ。小さな不在では意識はあるものの、時間の流れが遅くなる。まわりの人に聞くと発作はせいぜい一、二秒のあいだらしいが、本人はもっと長く続いているように感じる。ただしどれぐらいかはわからない。しかもこの種の発作は、楽しいことが引き金になっていた。「かっこいい車が通りすぎたり、好きな絵を見たとき。好みの色、きれいな花や景色、草を食む動物たち、さえずる鳥、風にそよぐ小枝、ほほえみかけてくる誰か、きれいな女の人、キス、抱擁、好きな人を思いうかべる、希望……」

　ピカールはその後、この少年の神経学的検査も実施する。その結果、やはり不思議な感覚は前部島皮質が発信源であることがわかった。

＊＊＊

　ジュネーヴからロモンに向かう電車は、レマン湖北岸に沿って快調に走り、ローザンヌから山に入っていった。ロモン駅で出迎えてくれたのはカトリーヌという女性で、ピカールにレポートを書いた少年アルベリックは彼女の息子だ。一家の農場に向かう道すがら、カトリーヌは手短かに説明してくれた。アルベリックは六人きょうだいの三番目で、生まれたときの体重はいちばん重かったのに、お産はいちばん軽かった。子どもはみんな水中出産だったという。「お腹のなかにいるとき、とても強くて……たくましかった」ので、ケルト語で「熊の王」を意味するアルベリックと命名した。

アルベリックは、いつもご機嫌で、育てやすい子どもだったという。自然が大好きで（実際に行ってみてわかったが、ロモン近郊で三〇〇年続く農家なので自然はとにかく豊かだ）、牛たちにくっついて裸足で歩きまわっていた。三歳のころには、洗礼式で立会人をしてくれた代父のトラクターによじのぼっていた。言葉が出てくるようになったのは三歳で、姉や妹よりずいぶん遅かった。

アルベリックが作業している農場に行くと、天使のような子どもを想像していた私はみごとに裏切られた。そこにいたのは、見あげるような体格の一九歳の青年だった。農作業で髪が少し乱れ、やわらかな笑みを浮かべている。作業中に手を切ったらしく、指が出血していたが、本人は気にする様子もない。私たちは車でロモンに戻った。アルベリックはフランス語しか話せないので、母親が通訳してくれた。

最初の発作は、一五歳のときだった。その一週間前に、私が訪ねたときと似たようなできごとがあった。代父とアルベリックが標高一五〇〇メートルにある山の農場で働いていたとき、代父が木工用の機械で指を三本切る大けがをした。代父は、アルベリックに雌牛の世話をするよう言いのこして病院に向かった。雌牛たちは最初の出産を控えていて、目を離せなかったのだ。アルベリックの電話を受けた母親は、「何とかして引きとめなさい」と言って山に向かった。カトリーヌが着いたとき、アルベリックは取りみだして泣いていた。大けがをした代父を、ひとりで車で行かせてしまって動揺していたのだ。「その一週間後でした。発作が始まったのは」とカトリーヌは振りかえる。

アルベリックは同じ山小屋で、今度は父親といっしょにいた。牛小屋の掃除をすませて、暖炉のそばで休んでいたときだ。口のなかでそれまで体験したことのない奇妙な味がして、意識を失った。そのあと痙攣が始まったらしいが、本人は覚えていない。

これが最初の「大きな不在」だった。両親は何が起こったかわからないまま、とりあえずふもとの農場に息子を連れてかえった。このときカトリーヌは、息子がまだ混乱していることに気づいた。熱いシャワーを浴びさせていると、山小屋なのにお湯が出るのは変だと言いだしたのだ（山小屋では湯を沸かす必要があった）。「家に戻ったことがわかってなかったんです」その晩は寝るときも父親がそばについていた。「もう元に戻ることはない。人格のどこかが壊れてしまった……私たちはそう思いました」

大発作はもっぱら夜に起こるようになった。発作があった晩は、翌朝疲れきっているし、舌に嚙み傷ができているのですぐわかる。それに加えて、意識を失わない小発作も出てきた。こちらは大発作とはまったく別物で、好ましいものがきっかけになっていた。農家では当たり前の光景だが、収穫期にトラクターを見かけたとかそういうことだ。発作の前には、雌牛が話しかけてくるような気がすると言ったこともある。そして発作自体も楽しさを感じさせるものだった。

いっぽうで危険な「不在」も続いていた。よその農場に見習いで働いていたときだ。午前四時に親方の自宅に下着姿で現われたことがあった。親方が「何してるんだ？」とたずねると、アルベリックは黙って立ちさったという。その直後、納屋の明かりがついているのに気がついた親方が行ってみると、アルベリックが裸足でコンバインによじのぼっていた。エンジンの鍵も刺さっていたが、アルベリックはまったく記憶がない。

一七歳の誕生日を迎え、ピカールの患者になったのもそのころだった。MRIで調べると、右側頭極に良性腫瘍が見つかった。ピカールの勤務するジュネーヴ大学病院を私が訪ねたのは二〇一三年三月のこと。アルベリックも発作のときに検査を受けた部屋を案内してもらった。ディスプレイが並ぶ部屋に技術者がいて、同時に四つの部屋で患者の脳波を観察できる。画面にはのたうつような波形が何本も流れていた――波形のひとつが電極一個に対応しているのだ。波形は地震計の波にちょっと似ていて、経験を積んだ神経科医や技術者であれば、発作の波形を見つけることができる。部分発作であれば、発生場所およびそこに近接した電極からの波形のぶれが大きくなる。画面の隅には、脳波測定用キャップをかぶって横たわっている姿が映っていた。

アルベリックが八〇秒間の発作を起こしたときも、こうやって観察が行なわれた。脳波の変化から前側側頭部で発作が始まることが確認されたので、ただちに放射性同位元素を注入しSPECT

検査が実施された。その画像から、右島皮質の血流（つまり活動）が増大していることがわかった。腫瘍のすぐ近くだ。アルベリックの腫瘍は手術で切除された。

手術の前には精神科医の診察を受ける必要があった。脳外科手術は、あとでうつ病を発症する危険があるからだ。そう聞かされたとき、アルベリックは平気な顔で「だいじょうぶです。だめなときはカルトゥーシュだ！」と言った。カルトゥーシュとは弾薬のこと。状態が悪いほうに向かったら、銃で人生を終わらせる選択肢もあるという意味だ。医師たちは「ぎょっとして」いたが、カトリーヌは息子の発言が冗談だとわかっていた。「私は笑って、これが農家の考えかたなんだと説明しました。雌牛がだめになったら、射殺します。農場ではごく当たり前の光景です。自然のなかで生きていたら、よくあることなんです」

術後しばらくは調子が良かったものの、さらに重い発作が起きるようになった。発作は夜が多かったが、昼間トラクターやコンバインで作業中となると危険だ。そこで家族は、発作の危険をすばやく察知できるように犬を訓練できないか模索しているし、アルベリックの再手術も検討している。結果はどうあれ、「本人は病気と生きていかなくてはならないんです」とカトリーヌは話す。「私たちはあの子の親だから、いつもそばにいてやります。議論の余地はありません」

残念ながら恍惚発作は手術で消失してしまった。それでもアルベリックの例は、恍惚発作に島皮質が関わっているのではというピカールの直観、それにザカリー・エルンストの体験を強力に裏づけるものとなった。恍惚発作では、自己意識と世界との関係が変わってくるようだ。アルベリックの症例報告で、ピカールは次のように書いている。「自分の置かれた状況や周囲の会話への自覚がとつぜん明晰になり、深みを増していく。複数の人と議論しているときなど、すべてを理解したと感じることがあった。すべてを同時に把握できて、すべてが予測可能で自明のことだと思えた（ただし未来が予見できる感覚はない）」

時間が遅くなる、周囲への自覚が過剰になる、すべての本質を了解した確信がある。恍惚発作ではこうした体験が共通するようだ。私はピカールの別の患者とジュネーヴで会うことができた。四一歳のスペイン人女性建築家だ。「エネルギーと自分の全感覚が実感できるんです。周囲のことすべてが理解できて、融合が起こり、自分自身のことは忘れてしまいます」

こうした証言に矛盾が含まれていることはピカールも認める。自己意識が極度に高まるいっぽうで、自己と世界の境界がぼやけて、ドストエフスキーが書いているような「自分と全宇宙との完璧な調和」、つまりすべてとひとつになった感覚を覚えるのだ。

二〇一三年三月にピカールに会ったとき、島皮質の関与という直観はどうしても捨てられないと言っていた。「島皮質に何かが作用しているという確信は深まるばかりです。ただ、どの患者を調べてもその証拠が見つからないのです」ＳＰＥＣＴ検査の画像があるにはあるが、発作に関わる脳の領域を厳密に特定はできない。発作は変化が急速かつ激しい神経プロセスだが、放射性同位元素が脳に「定着」するのに三〇秒かかる。この時間差のせいで、どうしても画像がぼやけるのだ。猛スピードで走る車を、シャッター速度が遅いまま撮影するようなものだ。ピカールは疑う余地のない証拠を求めていた。

朗報が飛びこんできたのは、その翌日のことだった[*13]。私が彼女の研究室にいたら、フランスのマルセイユにあるティモーネ病院の神経科医、ファブリス・バルトロメイからメールが届いた。恍惚発作が起きる若い女性患者に電極を埋めこんで調べたところ、「……前部島皮質への電気刺激で、浮遊するようなぞくぞくする快感が起きた」というのだ。

ピカールは即座に返信した。「最高にうれしい！」

知覚される自己は島皮質にあるというバド・クレイグの仮説と、てんかんの恍惚発作との結びつきが、これでいっそう強固になった。

＊＊＊

二〇〇九年一〇月、スウェーデンで行なった講演でクレイグはこう話している。「脳は神秘的なところだと私は思いません。三〇〇年以上も前にスウェーデンに移住した哲学者ルネ・デカルトが、『我思う、ゆえに我あり』だと人類に説いたことで、脳は形而上学的なところに棚あげされてしまいました。ですが脳もまた身体の一部であり、身体あっての私たちです。脳は、生命体である私たちの身体をお世話する仕組みになっているのです[*14]」

すでに見てきたように、脳による身体のお世話とはつまり恒常性の維持だ。外界が大きく変化しても、生理学的に最適な状態を保ってくれる。この恒常性に関わる神経経路のうち、温度調節を担当する経路をくわしく調べたことで、クレイグは前部島皮質に行きついた。

クレイグはこの講演で話していたが、一九七〇年代に大学院生だったとき、頭を悩ませていたことがあったという。神経科学の教科書には、痛みと温度が表象されるのは触覚に関わる体性感覚皮質だと書いてある。第3章で触れたように、二〇世紀半ばに活躍した神経学者ワイルダー・ペンフィールドは、身体各部が受けとる触覚と、脳の皮質との関係を示した。体性感覚皮質もそのときにマッピングされたところだ。ただし対象はあくまで触覚であって、痛みや温度は入っていなかった。

「体性感覚皮質を刺激しても、痛みや温度の感覚を引きおこすことはありません。なぜ教科書に矛盾することが書いてあるのか、理解できませんでした。もちろん試験は丸暗記で乗りきりましたけど」

神経解剖学者になったクレイグは、この問題に取りくむことにした。手がかりはあちこちに転がっていた。そのひとつが、世界中どこの科学博物館に行っても体験できる「サーマルグリル錯覚」である（一八九六年にスウェーデンの医師が発見）。温かい金属棒と冷たい金属棒をそれぞれ別の指に同時に押しあてると、冷たい棒が当たっている指に焼けつくような痛みを感じるというものだ。「サーマルグリルは神経系組織の基本的特徴、この場合は痛みと温感の相互作用を理解する格好の手段である」とクレイグは書いている[*15]。

一九九〇年代半ば、クレイグを中心とする研究チームは、サーマルグリル錯覚を起こしている被験者の脳をPETスキャンで観察した。温かい棒と冷たい棒のどちらかだけに触れているときは、当然痛みはなく、温度刺激によって脳の前部および中部島皮質が活発になっていた。ところが錯覚で痛みを感じているときは、前帯状皮質が活動的になっていたのである[*16]。

PETスキャンを使ったその後の研究では、温度を客観的に表象するのは後部島皮質であり、前部島皮質は主観的な温度知覚と結びついていることが確かめられた[*17]。これは興味ぶかい、そして決定的な相違である。コップに入った冷たい水を飲むとき、水の実際の温度は後部島皮質に表象される。だが主観的な感じかたは、そのときの状態によって変わってくるはず――冷たくて最高においしいと思うこともあれば、冷たすぎて顔をしかめることもあるだろう。この主観的な感じかたは、前部島皮質で表象されている。サーマルグリル錯覚の研究結果と合わせて考えると、刺激がたんなる快・不快から、何らかの対応が迫られる苦痛へと移行するときは、前部島皮質と前帯状皮質の両方が活発になっていることがうかがえる。

クレイグは、身体状態の知覚だけでなく、それに関する行動の動機もひっくるめたものが感覚だと主張する。「動機と結びつく前帯状皮質、感覚と結びつく島皮質。二つの活動が合わさって情動になる」のだ[*18]。そして情動は恒常性の原動力となる。寒い戸外にずっといるのは苦痛だから、その苦痛から逃れようと暖かさを求めるわけだ。

痛みと温度の研究をきっかけに島皮質に注目したクレイグは、自己意識の理解にも島皮質が欠かせないと考えている。怒りから性欲、飢え、渇きに至るすべての感覚で、前部島皮質と前帯状皮質の活動が高まることは、すでに多くの研究が示している。クレイグはこうした研究も踏まえて、説得力にあふれる仮説を立てた――人間の全感覚の責任は前部島皮質にある。前部島皮質は、身体の生理学的状態を主観的に自覚するための神経基質であり、外部刺激、内部刺激、活動動機の表象が起きている状態を、前部島皮質が統合しているのだと。「情動自覚の構造的基盤とも言えるでしょう[*19]」

前部島皮質は、「物質的な私」、言いかえれば客体としての自己によりどころを与え、「感じる（知覚する）存在としての物質的自己」のメンタルイメージを刻々と生みだしている[*20]。物質的自己の根っこは不変の（少なくとも短い時間の尺度では）身体なのだから、前部島皮質は「精神的自己をつなぎとめている継続的な存在という感覚の源」でもあるはず[*21]。クレイグは電話インタビューでこう話した。「いまこの瞬間に存在している自己は、前部島皮質に根ざしているのです」

恍惚発作の焦点は前部島皮質だとピカールがにらんだのは、こうした研究が背景にあるからだ。恍惚発作は、物質的な私、いまここで経験している自己を増強していたということか。ピカールの直観を裏づける有力な証拠は、ファブリス・バルトロメイがメールで知らせてくれた実験結果だ。前部島皮質を直接刺激したら、恍惚発作を連想させる感覚が誘発されたというものである。

＊＊＊

ファブリス・バルトロメイの患者は二三歳の女性だった。私がバルトロメイに電話で話を聞いたところ、初めて来たときは、興味半分、疑い半分の恋人が付きそっていて、「緊張感のある診察だった」という。それでもバルトロメイは患者として受けいれることにした。女性は一五歳で最初の発作を起こし、そのために学校に行けなくなっていた。攻撃性が強いやっかいな性格で、反社会的な傾向が見られた。診察中も気分のむらが激しく、敵対心をむきだしにする。本人の希望でほぼ毎回恋人が同席するのだが、彼も悲観的な性格で診察をいっそう面倒なものにしていた。ただ彼女の症状には興味ぶかい特徴があった。発作で意識を失う前、ドストエフスキーのムイシュキン公爵のようにかならず恍惚前兆があるのだ。

「いつもの不機嫌そうな様子を考えると、発作開始時に身体が震え、浮遊感があるというのは驚きでした」とバルトロメイは話す。こうした恍惚前兆のあいだは幸福なのだという。「ふだんの態度とは対照的でした」

この女性のてんかんは薬剤耐性があり、頭皮上脳波を調べても焦点となっている場所が特定できなかった。そこでバルトロメイは電極を脳の深部に差しこんで、発作時の脳の活動を記録し、てんかん発生組織をしぼりこむことにした。すると発作はまず側頭葉で始まり、一秒もたたないうちに前部島皮質に広がっていることがわかった――恍惚前兆は前部島皮質が引きおこすという見かたを裏づけている。

さらにバルトロメイは、脳内のさまざまな場所にひとつずつ電気刺激を与えることにした。最初のうち患者は攻撃的だった。これは検査をされることへの反発で、そうなるのも無理はないとバルトロメイは同情した。しかし実際に刺激を加えてみると、興味ぶかいことがわかってきた。最初の段階では、扁桃体への刺激にだけ反応があり、患者は不快感を覚えた（検査への反感も手伝っていたが）。

次に前部島皮質を刺激したところ、状況が一変する[*22]。「まず顔の表情が変わりました。緊張がほぐれ、満ちたりた表情になったのです」身体が浮いて、両腕に快感の戦慄が走る。恍惚前兆のときのようだと本人は説明した。刺激を強くすると、「愉快な感じ」も大きくなった。これは一例に過ぎないとバルトロメイは釘を刺すが、島皮質と恍惚発作の結びつきを強く示唆している。「この種の快感が得られたのは前部島皮質だけです。側頭葉でも、扁桃体や海馬でもだめでした」

バルトロメイは彼女に発生部位の切除を勧めたが、本人はいまのところ拒否している。それでもこの検査結果は、恍惚発作と前部島皮質の関わりを探るピカールが探しもとめていた「証拠」となった。前部島皮質の過活動が幸福感と安寧感、それに自己意識の高揚を引きおこすというピカールの確信は、ますます強まっている。

サセックス大学の神経学者アニル・セスも、バルトロメイの研究に興味を持ったひとりだ。セスは脳の予測機構が外部刺激だけでなく、内部の身体状態の知覚にも関わっているという仮説を提唱している。「島皮質への直接的な電気刺激が、こうした感覚を引きだすというのは強力な事実です」離人症性障害では島皮質の活動が低下して、患者は「世界から感覚的、知覚的な現実感が抜けおちたと感じる」というが、こうした知見とも一致している。だが、恍惚発作中の島皮質の過活動には副作用もある。

＊＊＊

「五月の晴れた朝、メスカリン〇・四グラムをコップ半分の水に溶かして飲み、効果が現われるのを待った[＊23]」オルダス・ハクスリー著『知覚の扉』の冒頭だ。一九五三年春、ハクスリーは精神科医ハンフリー・オズモンドの立ちあいのもと、幻覚剤メスカリンを服用した。オズモンドは、「可能性はごく小さいとはいえ、オルダス・ハクスリーを狂気に追いやった男として文学史の片隅に名を残すやもしれぬと思うと居心地が悪かった」という[＊24]。もちろんハクスリーは狂気に陥ったりしなかった。

部屋の花瓶には、色とりどりの花が活けられていた。数時間前まで悪趣味だと感じていたのに、メスカリンを飲んだあと知覚が変わった。「朝食のときは、色彩のどぎつい不調和が気になってしかたなかった。だがいまは、そんなことは問題ではない。私が見ているのは変な生け花ではなく、アダムがこの世で最初に目にしたものであり――むきだしの実在が刻々と起こす奇跡だ[＊25]」生け花の印象は良いのか悪いのかとたずねられると、ハクスリーはどちらでもない、「これはそういうものだ」と答えた。

時間と空間の感じかたも変化した。「空間はそこにあるが、優勢ではなくなった。精神が主に関心を向けるのは寸法や位置ではなく、存在と意味である。空間への関心が失われるのに合わせて、時間にも無関心になった。時間についてどう感じるか問われれば、『時間はたっぷりあるようだ』と答えるだけだ。たっぷりあるが、正確にどのぐらいかということはどうでもいい……実際に経験したことが、そのときもいまも無限の時間を持っていた。いや、現在が永遠に続いているということだ［＊26］」

このメスカリンをはじめ、シロシビンやLSDが引きおこす幻覚を形容するのに、オズモンドは「サイケデリック」という言葉を考案した。こうした幻覚剤の精神作用をどう表現するかで、ハクスリーが韻文を書いたのに対し、オズモンドは「地獄の深淵に落ちたり、天使のように舞いあがったりするには、サイケデリックな感じもいくらかほしい」と返している［＊27］。

ハクスリーの記述と、恍惚発作の描写は気味悪いほど似ているが、それも当然だろう。シロシビンなどを服用した人に神経画像検査を実施すると、島皮質と前帯状皮質が過活動になっていることがわかる［＊28］。アマゾンのシャーマンはアヤワスカという幻覚作用の強いお茶を儀式で使うが、これを一五人の男性被験者に飲んでもらったところ、前部島皮質の血流が他の領域より増えていることが確認できた［＊29］。

てんかんの恍惚発作と幻覚剤の影響、その両方でいちばん興味ぶかい変化は時間の感覚だろう。

『白痴』のなかでも、ムイシュキン公爵が『『時間などもう存在しない』という大胆な表現が理解できたように感じる」と語っている。ザカリー・エルンストとアルベリックも、発作のあいだは時間がたつのが遅いと話していた。これを説明してくれるのが、バド・クレイグの仮説モデルだ。

前部島皮質は、内受容と外受容の感覚、それに身体の活動状況を統合して、一秒に八回の割合で「包括的情動瞬間」をつくりだしている。ひとつひとつの瞬間は独立しているが、それがつながると連続性のある自己意識になるとクレイグは考える。たとえるなら映画だ。スクリーンに映写されるのは毎秒二四コマのフィルムなのに、私たちの目にはなめらかな動きに見える。前部島皮質の過活動で情動の瞬間が生成される速度が上がると、時間の主観的な感覚も伸びていくことが考えられる。高速度カメラで毎秒数百～数万コマで撮影した映像が、スローモーションに見えるのと似ている。

さらにクレイグは、前部島皮質には包括的情動瞬間のバッファ機能があるのではないかと考える。過ぎたばかりの数個の瞬間、いまの瞬間、これから訪れる数個の瞬間を保持できるのだ[*30]。自己の存在を何十年という長さで実感していても、保持されている瞬間はほんの数秒分である。

クレイグの仮説はまだまったく証明されていないが、自己は存在するのか否かという哲学的議論の本質に切りこむ発想だ。哲学者ダン・ザハヴィのミニマル・セルフが成立するには、過去・現在・未来の主観的体験を保っておいて、その主体を構築する精神構造が必要になる。それが前部島皮質ということになる？　現時点では推測に過ぎないが、実に興味ぶかい。

前部島皮質が未来の状態を予測するのであれば、恍惚前兆とサイケデリック体験の共通点、すなわちすべてがあるべき姿であるという確信感も説明がつきやすい。また本書の自閉症および離人症性障害の章では、予測する脳仮説、別名ベイジアン脳仮説を取りあげた。刺激の原因を全力で予測した結果が私たちの知覚であり、それは「驚き」を最小限に減らし、身体の恒常性を維持するうえで必要なのだという主張だが、前部島皮質の役割は、この仮説ともよくなじむ。

さらには慢性不安や神経症的傾向も、前部島皮質との関わりで説明できるかもしれない。二〇〇六年、マーティン・ポーラスとマリー・スタインの二人は、慢性不安は前部島皮質が機能不全を起こし、通常より予測エラーが増えることが原因だとする説を発表した[*31]。それと正反対のことが起きているのが恍惚発作かもしれないとピカールは考える[*32]。前部島皮質に電気の嵐が発生して誤作動を起こし、予測エラーがほとんど、あるいはまったく出なくなった状態だ。そのため世界に問題は何ひとつなく、すべてが理解できるという絶対的な確信感が生じるのである。

この前部島皮質説はかなり有効だとアニル・セスは言う。「現象学的に考えると、恍惚発作は慢性不安の対極です。恍惚発作ではすべてが完璧であり、平穏な確信に満ちているのに対し、慢性不安は身体状態に反映されるあらゆることに不穏なざわめきを覚えるのです」

絶対的確信感、自己意識の高揚、時間の低速化という感覚は、神秘体験もつくりだす。たとえばピカールの患者たちは、発作に宗教的な意味を見いだしていた。「ふだんは神の存在を肯定も否定もしない人が、発作のあとでは、信仰とか信条に霊的な意味があり、みんなが宗教を信じるのも理解できると語ったりするんです。神秘体験をしたという人は、もしかすると恍惚発作だったのかもしれません」

それにしても、自己意識が高揚し、世界のすべてが了解できると同時に、自己と世界の境界が消えて一体化するというのは矛盾していないだろうか。

そのときいったい何が起きているのか。心理学者ミハイ・チクセントミハイが書いた『フロー体験――喜びの現象学』にそのヒントがある。フローとは「喜び、創造性、人生に余すところなく関与するプロセス[*33]」だとチクセントミハイは定義するが、ここにも自己意識の消失という矛盾がある。「意識から消えるひとつのもの、それにこそ注意を払ってしかるべきだ。それは自己である。ある登山家はこう表現している。『それは禅や瞑想、集中しているときによく似ている。めざすのは精神が一点に集中すること。自我をあらゆる点で登攀《とうはん》と融合させる。悟りに至るとはかぎらない。それでもすべてが自動で行なわれるようになると、ある意味自我はなくなる』[*34]」

自己意識はなくなっても、「最善の体験は自己に積極的に働きかける」とチクセントミハイは書いている[*35]。矛盾があるのはそこだ。登山家は自分の身体のあらゆる側面と山の状況に神経を集中させているにもかかわらず、自己の一部が停止すると主張する。チクセントミハイはこうも書いている。「自己意識の消失は、自己の消失や意識の消失をともなわない。自己を意識することだけがなくなる。意識の下にすべりおちるのは自己の概念、自分が何者かを自分自身に描きだすのに使う情報だ[*36]」

つまり後退していくのは内省的で自伝的な自己、つまりナラティブ・セルフであり、身体化されているミニマル・セルフはそのまま存在し、機能しているということか。「自己意識が高揚し、「世界との」つながりが強化される。二つの経験が共存することは現象学的に興味ぶかい」とセスは私に言った。「身体と世界の区切りは、私たちが思っている以上にあいまいで柔軟だということでしょうか」

何千年も昔に、自己と他者の区別はあいまいで柔軟というより、そもそも自己など存在しないと説いた僧がいた。「私が」「私を」「私の」という意識を支える自己をいくら探したところで、そんなものは見つからない。自己が揺るぎなく存在するという誤った観念にしがみついていることが、すべての苦しみのもとである。こうして私の旅は、出発点に戻ってきた。ブッダが自己の本質を悟ったあと、初めて教えを説いたとされるインドのサールナートだ。「私は誰？」で始まったこの本は、最後も同じ問いを投げかけて締めくくるとしよう。

エピローグ

インド、ウッタルプラデシュ州にあるヴァラナシは、インド最長の聖なるガンジス川に流れこむヴァルーナ川とアシ川に由来する。ガンジス川河岸にはガートと呼ばれる階段が設けられ、巡礼者や住民が沐浴する光景が見られる。

ヴァルーナ川とガンジス川が合流するあたりにラージガート遺跡がある。紀元前六世紀に栄えた古代都市の遺跡で、いまも発掘調査が続いている。言い伝えによると、出家した王子がガンジス川を渡ってラージガートに到着し、さらに一〇キロほど歩いたサールナートで最初の説法を行なったという。すでに三〇代半ばになっていたこの僧の名はブッダといった。

そのころ、ラージガートからサールナートまでの徒歩の旅はさぞのどかだったにちがいない。私のときはモンスーンの季節で、泥道を歩くのは無理だと止められたのでオートリキシャを使った。途中の道にはインドがあふれかえっていた——柳細工のかご、素焼きの入れ物、石のタイル、それに販売免許が必要な酒まで、いろんなものが道ばたで売られている。三、四歳の男児が凧を揚げようと苦戦していたが、ひもが短かすぎてどう考えても無理そうだ。古い橋を渡ると、アスファルトの道は荒れた石畳になった。オートリキシャの小さなタイヤは敷石の隙間を全部拾って走るので、乗っているこちらは骨まで響く。雨あがりの水たまりは悪臭を放ち、その上を自動車やバスが走りぬけて泥水を跳ねちらした。これなら歩くほうがましだった……。

ところがサールナートが近づくにつれて、すべてが静かになった。道路はアスファルトに戻り、街路樹も歴史を感じさせる。さすが聖地だと期待がふくらんだが、私の目に飛びこんできたのは、色とりどりの旗で飾られたけばけばしい寺と、足を組んだブッダと弟子たちの巨大な像だった。周囲に並ぶ黒い御影石の銘板には、ブッダの教えが世界の仏教国の言語で刻まれている。

午後になって訪れた鹿野苑《ろくやおん》はとても静かで、私はダメーク・ストゥーパのそばに腰をおろした。仏舎利をまつるこの塔は、幅は三〇メートル近く、高さは四五メートルもある。上半分はれんがづくりで、土台部分には銘文が彫られていた。ダメークとはブッダの時代に使われていたパーリ語で「法を見る」という意味らしい。ここで行なわれた最初の説法の本質を伝えているのだ。

午後の日差しを避けてストゥーパの影に入っていると、心が落ちつくようだ。二五〇〇年前、三五歳の僧がここで無私を説いた時代に思いを馳せる。

＊＊＊

プロローグで紹介した、鬼に食われた男の話には続きがある。身体の各部分を死体と交換されてしまった男は、出会った仏僧たちに自分は存在しているのかとたずねた。おまえは何者かと聞きかえされた男は、自分が人間かどうかも定かでないと答えた。

仏僧たちは男に言う。それは「私」――自己――が実在しないという悟りの第一歩だと。ようやく自分の存在を疑いはじめたが、実は自己など初めからなかったのだ。以前の身体といまの新しい身体は、何ひとつ変わっていない。「これが自分の身体」という感覚は、身体を構成するさまざまな要素の集積がもたらしているのだ。男はその意味を理解し、仏教でいうところの解脱《げだつ》を果たした――あらゆる煩悩から解きはなたれたという意味だ。

私がサールナートを訪れたのは二〇一一年。正直そのころは、無私という概念は知性を脅かすものだと思っていた。「自己」という単語で理解していることの多くは直観頼みで、しかも自分自身に根ざしている。そんな揺るぎない自己を前にして、「無私」は何を意味しているのか。自己を探究する理論が対象にするのは、統一感を知覚している自己だ。いつどんな瞬間でも、自分はこうだと感じられるあらゆるものとの統一感である。自分はこの身体のなかにいて、この身体を所有していて、行動の動作主であり、知覚するすべてのことは自分が知覚しているとわかっていて、さらにこれらすべてに一貫性を感じることができる。経験の主体、つまりすべての経験は自分に起きていると自覚できる存在がひとつだけある。これが哲学者のいう共時統一だ。

この統一体は時の流れにも耐えられる。子ども時代を思いだすとき、その記憶はまちがいなく自分のものだし、湧きおこる情動や知覚も自分のものだと確信できる。未来についても同様で、歳月とともに成長し、変わってきたこと、この先も進化したり、変わっていくことは重々承知しているが、根本のところは同じ人間だとわかっている。これは哲学の世界では通時統一ということになる。

紀元前二〇〇年頃に最古のテキストが成立したインド哲学ニヤーヤ学派は、共時と通時の視点で自己の存在を巧みに論じている[*01]。まず共時統一においては、触れる、見る、聞くなどの感覚をきちんとまとめ、統一知覚を生みだす自己が存在するはずだという。

通時統一に関する考えはさらに明快で、いつ思いだしても「これは自分の記憶」と思える一貫性を得ることは、自己が存在しなければ不可能だという。私はあなたの記憶を想起できないし、あなたも私の記憶を思いだすことはできない。もし自己がなければ、過去を誰かに所属するできごととして想起することはできないだろう。だから記憶が記憶であるためには、自己がなくてはならないのだ。マサチューセッツ州ウィリアムズタウンにあるウィリアムズ大学でチベット仏教を研究する哲学者、ジョージズ・ドレイファスはこう話す。「私は自己を絶対的に信じているわけではないが、この自己論は筋が通っている」

大雑把ではあるが、哲学者と神経科学者は二つのグループに分かれる――自己が実在する派としない派だ。自己と呼ぶことができて、共時と通時の統一をもたらしてくれる何かはほんとうに存在するのか？

そこで問われるのが、自己は他の何にも依存せず存在できるのかということ。言いかえれば、現実を構成する事物の基本的カテゴリーのなかで、独自の位置を確保しているのかということだ。自己に関しては、そうした説明で片づかないのではないかという指摘がある。自己が実在しない派は、こうした存在論的な自己の位置づけをあっさり否定して見向きもしない。そのため実在する派は、議論が勝手にゆがめられていると感じる。

この本で紹介してきた病気や体験は、ひとくくりにすれば「自己がむしばまれる病」ということになるだろう。そんな「病」の実相と、神経科学の立場からの見解を知ることで、答えに近づくことはできる。自己のさまざまな側面――ナラティブ、行動の動作主・思考の発案者である感覚、身体各部の所有感覚、この情動が自分そのものだという感覚、自分の身体が空間に位置している感覚、自分の目で世界を俯瞰する感覚――は、共時と通時の統一をもたらしていて、客体としての自己も構成しているのではないか。これらの側面が構築されたものであるとすれば、構築主、もしくは構築主を装っている誰かがいるのだろうか。

自己の諸側面がばらけてきても、主体としての自己――哲学者はそれを現象主体と呼ぶ――は健在で、意識的に経験できる。統合失調症、離人症性障害、自閉症、恍惚発作、身体完全同一性障害、体外離脱、ナラティブ喪失、コタール症候群……すべてにそれを経験する「私」がきっちり存在しているのだ。その「私」っていったい誰？

八世紀のインドで活躍したアディ・シャンカラは、アドヴァイタ（非二元主義）の流れを汲む哲学者・思索家だ。彼が書いた詩「ニルヴァーナ・シャクタム」は、自己の本質をとらえる試みを詩的な言葉で表現している。

私は精神ではなく、知性でもない。耳と舌と鼻と目で見わける存在でもない。宇宙や地球、光や風にさえ気づかれない[*02]。

この詩を構成する六つの連は、「私は誰?」という問いへの答えで毎回終わる。その答えが反復されて高まりながら、最終連へと向かっていくのだ。アドヴァイタ的な答えは後回しにして、この詩の力は、自分でないものを列挙するところから湧いてくる――私は精神でも、知性でも、身体でも、感覚でも、情動でもない。私は善でも憎悪でもない。私は富でも人間関係でもない。私は生まれてさえいない。

私は誰?

自己VS非自己を論じるときに中心になるのは、この「私」だ。主体としての自己、認識者としての自己、主観の経験をどう理解する? 「私」はどこから来るの? 自己は存在するのか、しないのか。

仏教には数多くの宗派があるが、どの宗派にこの問いを投げかけても答えは同じ――ノーである。自己などというものはない。内省や瞑想を通じて自己を探したとしても、まとまりがあるように見えるだけで、実際は一時的でうつろうものという認識に到達するだけだ。

西洋哲学に目を向けると、一八世紀スコットランドの哲学者デヴィッド・ヒュームはこんな言葉を残している。「私が自分自身と呼ぶものに分けいろうとすると、熱さや冷たさ、光や影、愛や憎しみ、痛みや快感といった特定の知覚にぶつかる。知覚なしに自分自身をつかまえることはできないし、知覚以外に観察できるものはない[*03]」ということでヒュームは「自己は実在しない派」に分類されている（『明証的なつながり——ヒュームとパーソナル・アイデンティティ（*The Evident Connexion: Hume on Personal Identity*）』という著書があるイギリスの哲学者ゲイラン・ストローソンは、実在する派と見なしているが）。

アメリカの哲学者ダニエル・デネットも、自己は実在しない派に属する。「ヒトという種は、正常な個人がそれぞれ〈自己〉をこしらえる。脳から言葉や行ないを繰りだし、織りあげているが、他の生き物と同じくただやっているだけで、自分が何をしているかかならずしも知る必要はない……物語は紡がれるが、それは私たちが紡いでいるのではなく、物語が私たちを紡いでいるのだ[*04]」

「自己とは［物理学における］重力の中心と同じだ。それ自体は抽象概念であり、抽象的であるにもかかわらず、物理的世界と分かちがたく結びついている[*05]」すべての物理系には重力の中心があるが、それは「もの」ではなく特性だ。重力の中心を構成する原子や分子があるわけではない。それなのにこの抽象概念は現実に作用する。デネットは、自己はナラティブという重力の中心だと述べる。「行動、発言、胸騒ぎ、愚痴、約束などなど、人間を形づくるおそろしく複雑な集まりに統一感と意味を与えるフィクションなのだ[*06]」

仏教の教えと、ヒュームおよびデネットの考えは、「バンドル理論」に分類できるかもしれない。自己は「個々の精神現象の束《バンドル》からでっちあげた」ものだ[*07]。自己には、どんな瞬間にも知覚できて、長期にわたって続く統一感がつきものだが、それも同様である。

トマス・メッツィンガーも、自己は実在しない派だ。身体に深く根ざした生物学的プロセスが、脳内に自身の表象——自己モデル——をつくりだす。この動的モデルの内容はというと、身体とその情動、感覚や思考と一切合切だ。自分に関して意識的に経験するすべてのことが、自己モデルの中身になっている。ただし重要なのは、自己モデルは透明であるということ。自己が表象だと頭では理解しているし、そのことがいつか証明されるかもしれないが、表象として経験はしないのである。「これはきわめて頑丈な現実生成メカニズムです」とメッツィンガーは言う。主観的に経験される現象的な自己は、自己モデルと世界モデルの相互作用を意識するところに生じる。メッツィンガーのモデルに従うならば、統一体としての自己、脳の外に出ても消えない自己はありえないことになるが、それを裏づける正確な神経プロセスはまだ解明されていない。

アントニオ・ダマシオも独自の解釈を示している。原自己、中核自己、自伝的自己が客体としての自己を構成するというのがその枠組みだ。そこに加わるのが、認識者としての自己、言いかえれば主体としての自己である。おのれを知り、精神に主観を与える何かとして自己を体験させる神経プロセスだ。「脳が認識者を精神に導入できれば、主観があとからついてきます[*08]」簡単に言えば、認識者としての自己が私たちに意識を持たせるのだ。だが哲学者ジョン・サールは、ダマシオの『自己が心にやってくる』への評論で、それは循環論法だと批判する。「意識を説明するために自己を導入するのはいいが、たとえ意識の説明のためでも、自己がすでに意識を持っているという主張は納得しがたい[*09]」

この批判は、自己意識の主観を説明する際に神経学者や哲学者がぶつかる難題を浮かびあがらせる。なかには、主観を意識それ自体に帰属させる哲学者もいるほどだ（意識のハード・プロブレムはこの際脇におく）。それによると、すべての経験は、自己意識の性質を帯びた意識状態に支えられているという。ただし主体が存在するとか、経験する誰かがいるということではない。むしろその意識状態が主観としての特性を持っているのだ。哲学の用語を使うなら、意識には再帰性がある。「再帰性とは、機械的かつ受動的で、広く浸透している何か、最初から意識を特徴づけている何かです」コペンハーゲン大学の哲学者ダン・ザハヴィは私の取材でそう話した。

こうした考えに従うならば、脳は自己意識の瞬間、あるいは再帰的意識の瞬間をとらえて、単一かつ均質な自己を構築していなければならない。しかし神経科学は、意識の再帰性が生じる仕組みを説明できるほどまだ進歩していない。それでも自己は実在しない派は、やはり自己は存在しない、再帰的意識の瞬間があるだけだと主張するだろう。

ニューヨーク大学で心の哲学を研究するジョナードン・ガナリーは、意識の再帰性を認めるなら、自己が実在すると言っているのと同じだと考える。「そこを否定して、いったい何になるのか。自己性を構成するのは意識の再帰性だと言われたら、私などは自己をみごとに言いあてていると感じますよ」そう話すガナリーだが、たとえ意識に再帰性があるとしても、自力で立つ自己の存在が反証も否定もされないことは認めている。

ザハヴィが提唱するミニマル・セルフは、経験が自分のものだと感じて、一人称視点を与える精神構造をもたらす。主観の瞬間が同一主体のものとして経験されるには、ミニマル・セルフがその瞬間を超越するか、それより長く残らなくてはならない。

統合失調症では、自分の思考への所有感が失われることがある。「無秩序状態であっても、最小限の何かが残っていないと理解はできません」とザハヴィは言う。自己が混乱をきたした人の経験をいろいろ見てきたが、離人症性障害であっても、体外離脱であっても、最小限の何かがあることは明らかだった。体験が自分のものだという感覚はしっかり残っていたからだ。「最小限の所有意識すら消失するような体験など、状況を思いえがくのも難しい。そもそもそんな体験は、一人称でどう報告すればいい?」

この疑問への答えとして、ザハヴィはミニマル・セルフなる概念を導入しているわけだが、ここで別の問題も浮かんでくる。ミニマル・セルフが主体としての性質を持つかどうかは、意識が生じる過程に負けず劣らず説明が難しいのだ（ザハヴィは「自己が意識から独立したもの」という考えを認めない。「最小の自己を抜きにして意識を理解したり、正当に評価することは不可能だ」と話している）。

共時統一をもたらしているミニマル・セルフは、どんな過程で拡大していき、通時統一のある自己性全体を形成していくのだろう？　ミニマル・セルフと、拡大完全版のナラティブ・セルフ、極端な両者のあいだを取りもつ何かが必要だとザハヴィは言う。それは幼児が母親などと触れあいながら、ミニマル・セルフから育てていく一種のインターパーソナル・セルフだ。完全なナラティブ・セルフはまだできていないものの、他者との関係を通じて幼児の自己は発達しつつある。

これとは両極端に位置するのがインドのアドヴァイタ哲学だろう。それによると、個別化されていない意識が底流にあって、すべての経験――あなたや私の経験にかぎらず、あらゆる経験――の主体になっているという。顔を持たず、万物を経験して目撃する意識だ。これは、アディ・シャンカラの詩の締めくくりでもある。

個々の自己は現実ではないとするアドヴァイタ哲学は、自己は実在しない派に属しながらも、仏教の教えからは枝分かれしている。仏教版バンドル理論では、「実際はたくさんしかないのに、ひとつだけあると考えるのが誤り」だと説く[*10]。相互に作用する精神物理学的な要素がたくさんあるだけなのに、その束《バンドル》が現実だと誤解するわけだ。これに対してアドヴァイタ哲学では、「厳密には――すべてを経験する意識が――ひとつしかないのに、たくさんあると考えるのが誤り」なのだ[*11]。

こうしてみると、古今の神経科学者と哲学者の主張は収束しているのかもしれない。あえて言わせてもらうなら、自己が実在するしないという両者の議論は、重箱の隅をつついているだけにも思える。実際、どの説を突きあわせてもたいした相違点は見つからないのだ。デカルトの二元論はすでに時代遅れ。存在論的な現実から独立して自己が存在する、つまり脳や身体がなくなったあとも自己が残ると考える者は皆無だ。脳内で自己を管理する場所はここ、と特定できるわけでもない。もちろん島皮質とか側頭頭頂接合部、内側前頭前皮質など、自己感覚に関して他より重要な領域は存在するが、これらのうちどこかひとつに自己の居場所があるということではない。ナラティブ・セルフがフィクション――話し手のいない物語――だという主張もほとんど聞かれない。客体としての自己――身体所有感覚を含む――についても、構築されているものとして議論されるだけで、構築者の話は出てこない。身体がただの器でしかないデカルト二元論に代わり、自己感覚は身体も組みこまれた神経プロセスの産物であり、脳、身体、精神、さらには文化まで加わってその人らしさをつくっているというのが新しい描きかただ。ただし主体としての自己、識別者としての自己についてはまだ満足できる説明がされておらず、議論のちがいが出るとしたらそこだ。経験の主観性はどんな過程で生まれるのか。ザハヴィの言うミニマル・セルフのような神経プロセスによるのか、意識に内在する再帰性のなせるわざか。あるいは（バンドル理論派や、デネット、メッツィンガー風に言えば）精神物理的要素の相互作用ということか。自己をめぐる謎は、いまここにある。この謎を解くには、意識それ自体を理解する必要があるだろう。

＊　＊　＊

科学者や哲学者のにぎやかな論争の横で、苦しみを抱える人びとがいる。この本に登場した人たちは、自己の本質の解明を願ってやまないはずだ。仏教が説くように、自己が実体だという幻想に執着することが苦しみのもとだとしたら、幻想ではなく真の姿を理解することで苦しみから解放されるかもしれない（客体としての自己の構成要素は、脳の働きによって現実感を帯びるがゆえに、そこから解離した時の感覚が強烈になる）。

人間の苦悩に関する仏教の解釈を見ればわかるが、私たちはそもそも自己の基準を高く設定しすぎなのだとガナリーは指摘する。自己が混乱しただけで障害と決めつけ、対処メカニズムにしても、治療の方法にしてもその認識から出発している。自己の混乱は、自己という概念への強迫的な執着から来ていると考えてみたら？　執着を手ばなすだけで状態は好転するかもしれない。

そこで思いだすのは、第5章で短く紹介したジェフ・エイブゲルとの議論だ。一〇代後半から離人症性障害を何度となく経験してきた彼は、自分の人生は答えを探す訓練のようなものだったという。自分は何がおかしいのか、なぜ自分自身が他人に感じてしまうのか、たえず理解しようとしていたのだ。薬物治療もある程度は効果があった。「考えがばらばらになったり、不愉快な考えが浮かぶのがやわらぎました。自分が統合されておらず、切りはなされ、壊れたと感じていたから、薬で自己感覚のまとまりが多少は出たけど、一八歳のころのようには戻りません」

エイブゲルはかつての自己を手ばなした。少なくとも取りもどそうと必死になるのはやめた。「患者本人からすると、選択肢は二つ。最初に持っていた自己感覚や自我を回復するまで、あらゆる薬や治療を続けるか。あるいは『五〇パーセント戻ったから、あとは様子を見よう』となるか」

エイブゲルの選んだ道は、それなりに得ることもあったようだ。「ぼくが抱えていた疑問は、「離人症を」障害と見るのか、それともただの異なる精神状態と見るのかということです。うまい言葉が見つからないけど、ひょっとすると、覚醒みたいなことに通じる道の始まりではないかとも思うんです。最近では知覚が変わっただけだと感じています。世界の見かたが変わったというか。存在のすべてにくらべたら小さくて一瞬のことだと思えるんです」

ジェフのような心境に到達するには、ある程度の認知能力が前提となる。重い統合失調症や自閉症、コタール症候群だと、残念ながらいまの自己から逃れることはできない。構築者抜きの構築みたいな話をしても、当人たちには響かないだろう。その苦しみは現実そのものだ。アルツハイマー病患者に、自己などそもそも存在しないのだから、ナラティブ・セルフが喪失してもうまくやんなさいと言っても詮無いことである。

それでも統合失調症、離人症性障害、身体完全同一性障害の軽い状態であれば、自己の本質を見つめ、考察することで快方に向かうことがあるかもしれない。しかもこうした自己省察は、患者の役に立つだけではない。

＊＊＊

人類が進化する過程のなかで、あるとき認識者としての自己がふと出現した。それは生物学的に重大な事件であり、おかげで私たちの祖先は生存が有利になった。自分の身体を自覚して、そこに注意を向けるだけでも、進化の大きな一歩だった。ただしこの自己プロセスは、脳の複数の領域が作用しあう高度なものではあるが、自分の身体をコントロールするだけのものだった。その後人間は、多様な長期記憶、ナラティブ・セルフを獲得する。失敗から学び、将来の青写真を描いて計画を立てられるようにもなった。自分の過去と未来が、客体としての自己に追加された。いま、ここで生きるだけではなく、脳内に伸びる時間軸上に存在する生き物になったのである。

だが、いかに緻密な思考ができるようになっても、それが自分にとって良いか悪いかというフィードバックは身体が仲介する。それが天にものぼる心地や、みぞおちが落ちこむ感じなど、恍惚からどん底気分までの無数の感覚だ。こうした感覚や情動は、苦痛や悲しみから離れて快感や喜びに近づくためのもの。もとは食べ物がある森に入ったり、襲ってくる敵から逃げたりするときに感じていたものだが、いまは生存に直接関係なくても、思考の内容しだいで出現する。だからこそ私たちは、社会や文化、芸術やテクノロジーなど、人間としての美点を持つことができた。

しかし同時に、人間はさらに多くをほしがる種になった。持てるものが増えることを想像すると、安心できるし気持ちも上向くが、減ったところを想像すると不安に駆られ、気持ちも落ちこむだろう。いまや身体だけでなく、概念の自己が存続することも不可欠なのだが、この想像上の自己はどこまでも広がって際限がない。この厄介な性質ゆえに、自己の本質をひたすら見つめ、掘りさげようとする苦行者や修道者が出現した。だがこの逃避プロセスは、自己愛や耽溺《たんでき》も生みだしている。人間社会が抱える苦悩の大半は、とどまるところを知らない概念上の自己が原因だと言っても過言ではないだろう。人は多くを求めすぎるし、目に見えるアイデンティティを保つために戦うし、宗教の教えに盲従する。富める者と貧しき者の差は広がるばかり。軍事力を持つ強国が小国をねじふせ、天然資源がとことん搾取されていく。

そんな暴走を防ぐには、物語を紡ぎたがる自己の性質と折りあいをつけることが重要かもしれない（とはいえ主観の問題はまだ解明されていないのだが）。だが、頭で理解するだけで大丈夫なのだろうか。仏教の無私の教えだって、論理的な考察からではなく、瞑想体験に哲学的な意味を持たせるために生まれたのだ。「無私が重要な概念であることに疑問の余地はありません」自己は実在しない派のひとり、ジョージズ・ドレイファスは言う。「ですが、それは瞑想を通じて得られる体験を何とかして表現しようという試みであり、自己本位が薄れる、他者に心を開けるなど、根本的な変化を引きおこすのは体験のほうなのです」

仏教でもアドヴァイタ哲学でも、無私の心は人間の苦しみを気づかうところから生まれる。「私」とか「私のもの」に重ねあわせるところに苦しみの根がある。自己への執着をなくせば解放され、苦しみが終わる。「自己に傾倒すること自体が病理であり、機能不全の源である――これが仏教思想の柱です」とジョナードン・ガナリーは言った。

病は自己そのものだったのだ。

最後に

＊この「最後に」はハードカバー版の刊行後に書かれ、ペーパーバック版にのみ収録された。

この本が出版されたとき、ひとりの男性からメールが届いた。ここではテッドと呼ぼう。テッドの父親は何年も前にアルツハイマー病で亡くなっているのだが、ラジオで私がコタール症候群のことを話すのを聞いて思いだしたことがあるという。ある晩、父親が自分は今夜死ぬと言いだした。「ベッドに入る前の父に、いくつか品物を渡されました。これを見たら母が自分を思いだすから、隠しておいてくれというのです。翌朝父は、予言したとおり自分は昨夜死んだと言いはりました。あれほど明晰な父を見たのはひさしぶりでしたが、完全に妄想に支配されていました」父親は自分の葬式の準備までやりだした。

いくら理詰めで反論しても、妄想は決して揺るがない。「ちゃんと生きてると私たちがいくら言いきかせても、父はいらだつばかりでした。父は風呂に入り、スーツを着て、自分の葬式にはどのネクタイを締めればいいかとたずねました。葬儀場では私たちの到着をみんな待っていると不安そうでした。まずお医者さんのところに行って、死亡宣告を受けてからでないと葬式はできないよ。

そう言うと素直に従いました。父は数日間入院し、薬を調整してもらって家に戻りました。それ以降は何もなく、八か月後に父は世を去りました」テッドにとって「人生で最も奇妙な体験」だったが、コタール症候群の話を聞いて合点がいったのだという。

ほかにもメールをくれた人がいた。わが子が身体自己意識のゆがみに苦しんでいるといい、ずれている自己の知覚をほんものと感じてしまうのはなぜだろうと書いていた。

こうしたメールには私自身も共感できる。自己感覚は脳と身体がつくりだす。それが何であれ、これがいまの自分だと感じていれば、それがほんものなのだ。そうした現象的自己が、現実の身体状況や環境に合っていれば「正常」ということ。だがそうでないこともある。

この本の執筆は情動を揺さぶられる体験だった。書いている最中は意識していなかったが、精神病者と見なされることについて、それまでとちがう印象を持つようになった。たいていどこの国でも、「精神病」は狂気と同義語だ。患者はそういう烙印を押されてしまう。ガン患者は同情を集めるのに、精神病患者は恐怖心を呼びおこす。怖い相手に共感するのは難しい。自分だって精神のコントロールを失うかもしれない——そんな自覚も恐怖をあおっているはずだ。

精神を身体より上に位置づけていることも、恐怖を感じる理由のひとつだろう。それはある意味デカルトのせいだ。彼は「我思う、ゆえに我あり」で二元論の形を定め、身体と精神を分けてしまった。でもデカルトひとりが悪いのでもない。私たちは精神と身体が別個のもので、精神が身体をコントロールしていると直感的に思っている。だから身体ではなく精神が病むことを恐れるのも無理はない。

それでも精神病を神経心理学的な視点から見ていくと、身体と精神の二分法は誤りであり、誤解を生じさせることがよくわかる。自己感覚を構成するさまざまな側面は脳にある、もしくは精神に属するものだとふつうは思われているが、実は身体と密接に結びついているのだ。

たとえば自閉症。子どもの自閉症の診断は、特定の行動が手がかりになることが多い。ほかの子に接したり、仲良くなったりすることができないのだ。また心の理論も未発達で、相手の動きや姿勢、行動を手がかりに、心のなかを予測することができない。心の理論を発揮できなければ、当然のことながら人間関係はつまずいてしまう。

まだ予備的証拠の段階ではあるが、自閉症では他者の心の予測だけでなく、自らの身体や身体状態の感知もできない可能性がある。行動上の問題、ひいては精神的な問題と思われてきたことが、実は身体自己意識の混乱に端を発しているかもしれないのだ。自閉症児が自分の身体をきちんと感じて、明確な身体知覚を形成できるようになれば、行動面にも変化が起きるかもしれない。

このように、脳、身体、精神はつながったひとつの連続体だという考えかたは、ほかの病気でも役に立つ。たとえば自分の身体や情動が自分のものに思えない離人症性障害では、テニスやジャズドラムなどで身体に注意を持続させているあいだは、症状が軽減される。離人症のような「精神面」の問題が、身体とつながっている証拠だ。

デカルト二元論を回避するからといって、精神も結局は物質に還元されると主張するつもりはない。それはまた別の議論であって、精神がいかにして物質から出現するかという問題は、いまの神経科学ではまだ太刀打ちできない。それでもこれだけは言える。私たちの直観に反して、精神と物質の区別はそれほどはっきりしていないし、精神が物質の上に君臨しているわけでもない。私たちの自己感覚（とその混乱）は、身体という土台があって成りたっている。そんな認識から出発すれば、精神病の治療に身体的要素を導入する試みもできるだろう。何より精神病に貼られているレッテルをはがすことができる。精神病といえども、ほかの病気と変わらないということだ。

この本の執筆を通じてわかったのは、どんなに重い病状であっても、自らの状態を経験する「私」はかならずそこにいるということだ。「私」の本質がどうあろうと、それが現象的な自己の基盤になっていることはまちがいない。また病気の現象学――〈生きられた経験〉――に注意を向けないことには、統合失調症や自閉症になるのがどういうことか理解できないだろう。それは脳、身体、精神、自己、さらには文化もひっくるめた全体に注意を向けることでもある。この人は統合失調症だと病名をあてはめて終わるのではなく、統合失調症を経験中の人がいるという認識が重要だ。微妙なことかもしれないが、当事者の苦しみとつながりを持ち、治療しようとするときには、それが大きな差になるはずだ。

謝辞

この本の冒頭に出てくる紀元二〇〇年ごろの古代仏教哲学の逸話は、哲学者ジョナードン・ガナリーが教えてくれたものだ。ガナリーは自著 *The Self* に収録されている逸話の英訳をそのまま使わせてくれた。

この本を書きあげることができたのは、自分について率直に語ってくれた善意あふれる人たちがいたからだ。なかには仮名の人もいるけれど、私はちゃんとわかっているからね。

ミケルとアランは私を自宅に招いて、アランのアルツハイマー病について話す時間をつくってくれた――残念ながらアランは、その後まもなく世を去った。クレアは父親のことを詳細に語り、彼が長年暮らす生活支援施設にも連れていってくれた。父親はアルツハイマー病がかなり進行していたから、私の来訪を理解していたかどうか心もとないが、それでも感謝の気持ちを伝えたい。

パトリックとデヴィッドは、さまざまな危険があることを知りながら、私を信頼して人生の秘めた一面を明かしてくれた。そのうえ、デヴィッドがドクター・リーのもとを訪れ、足を切断するまでの一部始終に立ちあうこともできた（さすがに手術室には入れなかったが）。この話はジム・ジャイルズ、ボビー・ジョンソン、ロジャー・ホッジの尽力で、オンラインマガジン『マター』二〇一二年一〇月号に掲載された。

統合失調症の内面的で苦しい体験を語ってくれたのはローリーとソフィーだ。患者に起きる現実感覚の変質を理解するうえで、二人の鋭敏な洞察が大きな助けになった。ローリーの夫ピーターは、患者に寄りそう側の立場を教えてくれた。

離人症性障害のニコラスと婚約者ジャスミンは、この病気を理解する手助けをしてくれたし、ニコラスの里親タミーと彼の主治医からもそれぞれの意見を聞くことができた。ジェフ・エイブゲルは自身の離人症性障害について語ってくれただけでなく、ニコラスにも引きあわせてくれた。一過性ながら恐ろしい離人症状の体験を語ってくれたサラ、そしてエレン・ペトリ・リーンスにも感謝したい。

アスペルガー症候群患者の立場を代弁するジェイムズ・フェイヒーには心から感謝している。彼は、アスペルガーという医学的な障害名に振りまわされず、社会の制約も受けずに生きていくとはどういうことか教えてくれた。アスペルガー症候群を抱えながら日々奮闘するアレックスと、彼の両親であるスーザンとロイは、ふだんの生活ぶりを包みかくさず私に見せてくれた。

いとこのショバと夫のアショクが、世を去ってまもない息子アシュウィンの話をするのはさぞかしつらかっただろう。それでも二人は、彼のドッペルゲンガー体験をこの本に収録することを許してくれた。若くして死んだ弟デヴィッドを思いだして語る作業は、クリスとソニアにとっては時をさかのぼる悲しい旅だったにちがいない。トマス・メッツィンガーは若き日の体外離脱体験を明かすとともに、自己とは何かという独自の哲学を辛抱強く何度も説明してくれた。

ザカリー・エルンストは哲学者らしい鋭い洞察で、てんかんの恍惚発作という謎めいた現象を理解するのを助けてくれた。スイスのロモンに暮らすカトリーヌとアルベリック母子にも感謝を伝えたい。アルプスの美しい景色のなかで、アルベリックがフランス語で話す恍惚体験をカトリーヌが通訳してくれた。

これまで紹介した人たちの多くは、私の書いた原稿を読み、内容チェックもしてくれた。この本では、数多くの研究者、医師、哲学者にお世話になった。本文中で直接引用した人も、そうでない人も、みなさん直接会ってくれたり、あるいは電話やメールといった手段を通じて、専門知識を惜しみなく提供してくれた。さらに原稿の関係箇所を読んで修正したり、貴重な提案もしてくれた。ここに関係する章の順に名前を挙げて感謝の気持ちとしたい。アダム・ゼーマン、ダヴィド・コーエン、スティーヴン・ローレイズ、ウィリアム・ド・カルヴァーリョ、アシーナ・デマーツィ、ライオネル・ナキャッシュ、ショーン・ギャラガー、ピア・コントス、ロビン・モリス、ウィリアム・ジャガスト、スザンヌ・コーキン、ブルース・ミラー、ジョヴァンナ・ザンボーニ、ポール・マッギーオ、マイケル・ファースト、ジュディス・フォード、ラルフ・ホフマン、ゴットフリート・フォスゲラウ、マーティン・ヴォス、ニック・メドフォード、ヒューゴ・クリッチリー、サンジーヴ・ジャイン、R・ラフラン、アリソン・ゴプニック、ウタ・フリス、エリザベス・トーレス、フランチェスカ・ハッペ、ピーター・ホブソン、フィリップ・ロシャ、ジェイコブ・ホーウィ、ピーター・エンティコット、オラフ・ブランケ、ルカス・ハイドリヒ、ビグナ・レンゲンハーガー、ヘンリク・エーション、アルヴィド・グーテルスタム、マノス・ツァキリス、トマス・グリュンヴァルト（神経外科手術の見学を手配してくれた）、ファブリス・バルトロメイ、バド・クレイグ、アントワーヌ・ベシャラ、ジョナードン・ガナリー、ダン・ザハヴィ、ジョージズ・ドレイファス、ゲシェ・ヌガワン・サムテン。

さらに、ペーター・ブルッガー、ルイス・サス、アニル・セス、トマス・メッツィンガー、ファビエンヌ・ピカールのみなさんにも大いなる感謝を捧げたい。メールや電話での数えきれないやりとりに加え、オフィスや研究室、さらには自宅まで押しかけた私を快く迎えいれ、本文の内容も精査してくれた。

そして大切な友人たち。キャロライン・シディはフランス語全般でお世話になった。スリナス・ペルルは原稿を通読してコメントしてくれた。ラジェス・カストゥリランガンとヴィクラマジート・ラムは有用な情報を提供してくれたし、ヴェヌ・ナラヤンは最初から最後まで相談に乗ってくれた。C・S・アラヴィンダはサンスクリット語の「ニルヴァーナ・シャクタム」を英語に訳してくれた。ほんとうにありがとう。

言うまでもないことだが、この本に誤りがあれば、それは私ひとりの責任だ。

この本の構想が形になるまでには、私の代理人であるサイエンス・ファクトリーのピーター・タラックの協力が欠かせなかった。ピーター、いつもありがとう。担当編集者のスティーヴン・モロウは、鋭敏で思いやりのある聞き手であり、この本の題材を私と同じ感覚で受けとめながら、本の完成に向けて穏やかに導いてくれた。

『ニュー・サイエンティスト』誌の友人や同僚たちにもお礼を言いたい。私はここで多くのことを身につけてきたし、これからもそうするだろう。

この本のための取材旅行では、たくさんの友人たちの家にお世話になった。キャロライン・シディ、アロク・ジャ、バヌとラメシュ、ヴィジャイとヘマ、マイティリとプラサド、ラオとキンキニ、アンジャリとキラン、スルチとビラジのみんな、どうもありがとう。

脱稿までの三か月、執筆以外のすべてのことは父と母が面倒を見てくれた。一日に何杯も飲むコーヒー、栄養たっぷりの野菜シチューに感謝している。そんな両親だけでなく、家族として私を愛し、応援してくれた姉妹とそれぞれの夫、姪や甥たちに最後に特大のありがとうを伝えたい。

解説

本書は神経学の知見をベースに、精神医学や哲学の視点にも留意しつつ「自己とは何か」を追求している。その具体的手法は、病気や障害を負った人たちが体験した特異な症状を手がかりとして思考を深めていくといったもので、扱われている疾患にはまことに珍しく突飛なものも含まれている。そこで臨床に携わる一精神科医の立場から、それらの疾患について注釈や補足を試みたい。

第1章では、コタール症候群が扱われている。精神科医ならば誰もが名前を知っているが、教科書に載っていたから知っているだけで実際のケースは比較的珍しい。中高年のうつ病で出現しがちで、「腸が腐ってしまった」「脳が溶けて無くなってしまった」などと体感異常に基づくグロテスクな訴えをする。やがて「もはや自分は生きていない。だから永遠に死ぬこともできずに苦しみ続ける」等の壮大な苦痛を語り、不安や焦燥も伴いがちで自殺を試みることも少なくない（死ねないと言っているにもかかわらず、むしろ苦しまぎれの行動であろう）。うつ病に伴うネガティヴな思考や自責感が先鋭化した状態であり、それに加えてどこかキリスト教的な「永劫の罰」といったニュアンスが窺えるところに、本邦での症例の少なさの一因を求めるべきかもしれない。

余談だが、我が国のうつ病患者はおしなべて無口である。症状を訴えずに、辛そうに俯《うつむ》いてしまう。喋るエネルギーすら枯渇してしまったように映る。だが西欧のうつ病患者は自分の苦しさをけっこう雄弁に語るようである。日本においては、もしかするとコタール症候群を呈していても黙して語らないまま終始した患者もいたのではないだろうか。

第2章ではアルツハイマー病が俎上《そじょう》に載せられる。これについてはあらためて言及の必要はなさそうだが、本文七四頁において「認知機能がどんなに低下しても、何らかの自己性、前認知的で前内省的な自己性が身体に埋めこまれているのではないか」といった記述があるのに注目したい。アルツハイマー病は脳が異常に萎縮してしまう病気だけれども、脳萎縮の度合に釣りあわない「正常で、しかもいかにもその人らしい」行動を患者が示すことは珍しくない。その人らしさが、身体の隅々にまで遍在しているように実感される瞬間は稀ではないのだ。そうした事実は、ケアにおいても重要な意味を持つはずなのである。

第3章では、身体完全同一性障害（BIID）が登場する。本書ではこれがもっとも珍しい疾患だろう。WHOの作成している国際疾病分類、通称ICD-10は第V章に精神疾患を収録している。これは公的書類の記載にも採用されているスタンダードなものだがそこにもBIIDの項目はない。〈F65.8　他の性嗜好障害〉の項目において、「ひわいな電話をかけること」や「動物との性的行為」「死体愛好症」などと並んで「手足が切断されているなどのある特殊な解剖学的異常をもった者を愛好すること」というそっけない記述が見られるだけである。おそらく我が国に専門の研究者はいないと思われる。

アンダーグラウンドにおける「いかがわしくアブナイ趣味」のひとつに四肢切断願望なるものがあるらしいとは知っていたが、むしろフィクションに近い話ではないかと考えていたので本書でここまで具体的に述べられているのには驚きを隠せない。ＢＩＩＤとは対蹠的《たいしょてき》な存在といえる幻肢については、ことに総合病院に勤めていれば見聞する機会もあるが精神医療の対象としてクローズアップされるケースは少ない。

第4章で語られるのは統合失調症である。一三二頁で「統合失調症は、自分の土台が揺らいでいる、つまり自己感覚が攪乱されている状態ではないのか？」と述べられているけれど、精神科医の立場としては、攪乱というよりも「緩く散漫になりかけている」と捉えたほうがしっくりくる。患者はおしなべて連想が飛躍する傾向があり、たとえば〈犬→首輪〉とか〈犬→猫〉といった連想ならば誰でも納得がいくけれど、彼らは〈犬→黄色〉などと言い出す。犬は地面に穴を掘るが、ブルドーザーやユンボなどの重機も穴を掘る。そして重機は大概黄色く塗られているから〈犬→黄色〉なのだと説明されてもこちらとしては苦笑が浮かぶばかりだろう。こうした飛躍傾向（そこがときには詩的であるなどと誤解されたりする）が日常で常ならば他人との意思疎通もスムーズにはいかないだろうし、飛躍した隙間に妄想の生ずる余地も出てこよう。自己感覚もとりとめがなくなり、そういったところから統合失調症の精神病理は解釈できそうに思われるのである。もっとも、著者は基本的に神経学を拠り所にしているので理解にニュアンスの違いが出てくるのだろう。一四三頁に出てくるコンパレーター・モデルの話題などはまことに示唆に富んで新鮮であった。

第5章では離人症が取り上げられる。ICD−10では離人・現実感喪失症候群が神経症性障害のひとつと位置づけられ、「あたかも自分自身を遠くから眺めているかのように、あるいは自分は死んだかのように感じる場合もある」といった記述がある。患者が離人症のみを訴えて精神科を訪れるケースは少なく、もしもそのような患者が来ても精神科医は統合失調症やうつ病、てんかんなどの一症状である可能性をまず考えるだろう。たんに離人症それだけでは、せいぜい抗不安薬が処方されて終わりといった程度の扱いしか受けないと思われる。今や世間そのものがよそよそしくニセモノめいており、もはや離人症をことさら特異な状態として析出するような世界にわたしたちは住んでいない――そんな了解が浸透しつつあると考えるべきかもしれない。

第6章は自閉症がテーマとなる。昨今ではアスペルガーや特定不能の広汎性発達障害を含む「自閉症スペクトラム障害」といった捉え方が定着しており、患者も急増している。神経学からの考察には自閉症こそが格好の題材であると頷《うなず》かせるだけの内容が、本文には展開されている。

第7章のドッペルゲンガーおよび体外離脱は、精神科医が扱うことはまずない。もしもこれらの現象を訴えてわたしの外来を受診してきた患者がいたとしたら、おそらく二つの可能性を疑いそうだ。ひとつには脳腫瘍など脳の器質的疾患の可能性で、場合によっては脳外科あたりに紹介するかもしれない。もうひとつは、このような突飛な症状を「餌」に精神科医の関心を惹こうとしているパーソナリティー障害者である可能性だ。歓迎しかねる事態である。いずれにせよ、これぞ精神科が扱いたがる症状と世間では思うかもしれないけれども実際には精神科医療には馴染みにくい。

第8章は癲癇《てんかん》、そのうちでも恍惚てんかんと呼ばれるものが取り上げられる。昔からドストエフスキー作品との関連で論じられることが多かったテーマであり、予想以上に記事や論文があれこれ著されている。てんかんは神経学と精神医学とを跨《また》ぐような性質があり（脳波や画像解析などが効力を示すいっぽう、幻覚妄想や気分変動、性格変化など精神科領域で扱われがちな症状も見られる）、理詰めで対処しやすい。それゆえにてんかんを扱うことを好む精神科医と、逆に関心の薄くなる精神科医の二種類に分かれがちのようである。第6章以降では「予測する脳仮説（ベイジアン脳仮説）」がひとつのキーワードとなっており、一九二頁「さまざまな精神病理が、元をたどれば予測コーディングの不具合にあることもわかってくるのかもしれない」という刺激的な一文を受けつつ第8章でまとめが示される。

エピローグでは、哲学者ダニエル・デネットの「自己とは［物理学における］重力の中心と同じだ。それ自体は抽象概念であり、抽象的であるにもかかわらず、物理的世界と分かちがたく結びついている」という引用が注目される。なるほど重心という用語は「自己とは何か」を探求するうえで極めて興味深いアナロジーである。

著者も強調しているように、本書は骨相学にも似た単純素朴な脳局在論に陥らぬように気を配りつつ、また身体性の重要さを強調しつつ、さらには「予測する脳」という視点が加えられることで、豊かで広がりのある内容を持ちえた。再読するに値する一冊であろう。

二〇一七年一二月

春日武彦（精神科医）

＊ＩＣＤ-10第Ｖ章の疾患に関する記述は、日本語翻訳版にあたる『ＩＣＤ-10精神および行動の障害——臨床記述と診断ガイドライン 新訂版』（医学書院、二〇〇五）を引用した。

*25 Huxley, *The Doors of Perception*, 5. ［前掲『知覚の扉』］

*26 同上、7.

*27 Obituary of Humphry Osmond in *BMJ* 328 (March 20, 2004): 713.

*28 Franz X. Vollenweider and Michael Kometer, "The Neurobiology of Psychedelic Drugs: Implications for the Treatment of Mood Disorders," *Nature Reviews Neuroscience* 11 (September 2010): 642-51.

*29 Jordi Riba et al., "Increased Frontal and Paralimbic Activation Following Ayahuasca, the Pan-Amazonian Inebriant," *Psychopharmacology* 186, no. 1 (2006): 93-98.

*30 A. D. Craig, "How Do You Feel— Now? The Anterior Insula and Human Awareness," *Nature Reviews Neuroscience* 10 (January 2009): 59-70.

*31 Martin P. Paulus and Murray B. Stein, "An Insular View of Anxiety," *Biological Psychiatry* 60, no. 4 (August 2006): 383-87.

*32 Fabienne Picard, "State of Belief, Subjective Certainty and Bliss as a Product of Cortical Dysfunction," *Cortex* 49, no. 9 (October 2013): 2494-500.

*33 Mihaly Csikszentmihalyi, *Flow: The Psychology of Optimal Experience* (New York: Harper Perennial, 2008), xi.

*34 同上、62.

*35 同上、64.

*36 同上

エピローグ

*1 Matthew R. Dasti, "Nyāya," *Internet Encyclopedia of Philosophy*, http://www.iep.utm.edu/nyaya

*2 Personal communication, C. S. Aravindaによるサンスクリット語からの翻訳。TIFR Centre for Applicable Mathematics, Bangalore, India.

*3 David Hume, *A Treatise of Human Nature*, 以下で閲覧可能。 http://www.gutenberg.org/files/4705/4705-h/4705-h.htm

*4 Daniel C. Dennett, *Consciousness Explained* (Boston: Little Brown, 1991), 416.

*5 Daniel C. Dennett, *Intuition Pumps and Other Tools for Thinking* (New York: W. W. Norton, 2013), 334.

*6 同上、336.

*7 Miri Albahari in Mark Siderits et al., eds., *Self, No Self? Perspectives from Analytical, Phenomenological, & Indian Traditions* (Oxford: Oxford University Press, 2010), 92.

*8 Antonio Damasio, *Self Comes to Mind: Constructing the Conscious Brain* (New York: Vintage, 2012), 11. ［前掲『自己が心にやってくる』］

*9 John R. Searle, "The Mystery of Consciousness Continues," review of Damasio's *Self Comes to Mind, New York Review of Books*, June 9, 2011, http://www.nybooks.com/articles/archives/2011/jun/09/mystery-consciousness-continues

*10 前掲 Siderits et al., eds., *Self, No Self?*, 23.

*11 同上、23.

第8章　いまここにいる、誰でもない私

*1 Willia m Blake, *The Marriage of Heaven and Hell*, 以下で閲覧可能。 http://www.gutenberg.org/files/45315/45315-h/45315-h.htm

*2 Jacques Catteau, *Dostoyevsky and the Process of Literary Creation* (Cambridge: Cambridge University Press, 1989), 114. に引用されている。

*3 Shirley M. Ferguson Rayport, "Dostoyevsky's Epilepsy: A New Approach to Retrospective Diagnosis," *Epilepsy & Behavior* 22, no. 3 (2011): 557-70.

*4 Quoted in Catteau, *Dostoyevsky*, 114.

*5 Fyodor Dostoyevsky, *The Idiot*, trans. Eva Martin, 以下で閲覧可能。 http://www.gutenberg.org/files/2638/2638-h/2638-h.htm［『白痴1・2』亀山郁夫訳、光文社古典新訳文庫、2015・2017他］

*6 同上

*7 同上

*8 Henri Gastaut, "Fyodor Mikhailovitch Dostoevski's Involuntary Contribution to the Symptomatology and Prognosis of Epilepsy," *Epilepsia* 19, no. 2 (1978): 186-201.

*9 F. Cirignotta et al., "Temporal Lobe Epilepsy with Ecstatic Seizures (So-called Dostoevsky Epilepsy)," *Epilepsia* 21 (1980): 705-10.

*10 Fabienne Picard and A. D. Craig, "Ecstatic Epileptic Seizures: A Potential Window on the Neural Basis for Human Self-Awareness," *Epilepsy & Behavior* 16, no. 3 (2009): 539-46.

*11 同上

*12 同上

*13 Anil Ananthaswamy, "Fits of Rapture," *New Scientist*, January 25, 2014, 44.

*14 A. D. Craig, "How Do You Feel?," http://vimeo.com/8170544

*15 A. D. Craig, "Can the Basis for Central Neuropathic Pain Be Identified by Using a Thermal Grill?," *Pain* 135, no. 3 (April 2008): 215-16.

*16 A. D. Craig et al., "Functional Imaging of an Illusion of Pain," *Nature* 384 (November 21, 1996): 258-60.

*17 A. D. Craig et al., "Thermosensory Activation of Insular Cortex," *Nature Neuroscience* 3, no. 2 (February 2000): 184-90.

*18 A. D. Craig, "How Do You Feel? Interoception: The Sense of the Physiological Condition of the Body," *Nature Reviews Neuroscience* 3 (August 2002): 655-66.

*19 A. D. Craig, "Interoception and Emotion: A Neuroanatomical Perspective," in *Handbook of Emotions*, 3rd ed., Michael Lewis et al., eds. (New York: Guilford Press, 2008), 281.

*20 同上、281.

*21 Antonio Damasio, "Mental Self: The Person Within," *Nature* 423 (May 15, 2003): 227.

*22 Fabienne Picard et al., "Induction of a Sense of Bliss by Electrical Stimulation of the Anterior Insula," *Cortex* 49, no. 10 (2013): 2935-937.

*23 Aldous Huxley, *The Doors of Perception* (London: Thinking Ink, 2011), 2.［『知覚の扉』河村錠一郎訳、平凡社ライブラリー、1995］

*24 "Dr Humphry Osmond," *Telegraph*, February 16, 2004, http://www.telegraph.co.uk/news/obituaries/1454436/Dr-Humphry-Osmond.html

*5 Sunil Kumar Sarker, *T. S. Eliot: Poetry, Plays and Prose* (New Delhi: Atlantic, 2000), 103.

*6 Sir Ernest Shackleton, *South! The Story of Shackleton's Last Expedition (1914-1917)*, 以下で閲覧可能。http://www.gutenberg.org/files/5199/5199-h/5199-h.htm [『エンデュアランス号漂流記』木村義昌・谷口善也訳、中公文庫BIBLIO、2003]

*7 Constance Holden, ed., "Doppelgängers," *Science* 291 (January 19, 2001): 429.

*8 Nicholas Wade, "Guest Editorial," *Perception* 29 (2000): 253-57.

*9 G. M. Stratton, "Some Preliminary Experiments on Vision without Inversion of the Retinal Image," *Psychological Review* 3 (1896): 611-17.

*10 G. M. Stratton, "The Spatial Harmony of Touch and Sight," *Mind* 8 (October 1899): 492-505.

*11 同上

*12 H. Henrik Ehrsson et al., "That's My Hand! Activity in Premotor Cortex Reflects Feeling of Ownership of a Limb," *Science* 305 (August 6, 2004): 875-77.

*13 G. Lorimer Moseley et al., "Psychologically Induced Cooling of a Specific Body Part Caused by the Illusory Ownership of an Artificial Counterpart," *Proceedings of the National Academy of Sciences* 105, no. 35 (September 2008): 13169-3173.

*14 Arvid Guterstam et al., "The Invisible Hand Illusion: Multisensory Integration Leads to the Embodiment of a Discrete Volume of Empty Space," *Journal of Cognitive Neuroscience* 25, no. 7 (July 2013): 1078-1099.

*15 For more details, see Metzinger, *The Ego Tunnel*. [前掲『エゴ・トンネル』]

*16 Olaf Blanke et al., "Stimulating Illusory Own-Body Perceptions," *Nature* 419 (September 19, 2002): 269-70.

*17 Bigna Lenggenhager et al., "Video Ergo Sum: Manipulating Bodily Self-Consciousness," *Science* 317, no. 5841 (August 24, 2007): 1096-1099.

*18 Silvio Ionta et al., "Multisensory Mechanisms in Temporo-Parietal Cortex Support Self-Location and First-Person Perspective," *Neuron* 70, no. 2 (April 2011): 363-74.

*19 Valeria I. Petkova and H. Henrik Ehrsson, "If I Were You: Perceptual Illusion of Body Swapping," *PLoS One* 3, no. 12 (December 2008): e3832.

*20 Valeria I. Petkova et al., "From Part-to Whole-Body Ownership in the Multisensory Brain," *Current Biology* 21 (July 12, 2011): 1118-122.

*21 Lukas Heydrich and Olaf Blanke, "Distinct Illusory Own-Body Perceptions Caused by Damage to Posterior Insula and Extrastriate Cortex," *Brain* 136 (2013): 790-803.

*22 Olaf Blanke and Thomas Metzinger, "Full-Body Illusions and Minimal Phenomenal Selfhood," *Trends in Cognitive Sciences* 13, no. 1 (2009): 7-13.

*23 Jakob Hohwy, "The Sense of Self in the Phenomenology of Agency and Perception," *Psyche* 13, no. 1 (April 2007): 1-20.

*24 Björn van der Hoort et al., "Being Barbie: The Size of One's Own Body Determines the Perceived Size of the World," *PLoS One* 6, no. 5 (May 2011): e20195.

*25 Loretxu Bergouignan et al., "Out-of-Body-Induced Hippocampal Amnesia," *Proceedings of the National Academy of Sciences* 111, no. 12 (March 2014): 4421-426.

Autism: Clues to Developmental Primacy," *Developmental Psychology* 43, no. 4 (July 2007): 974-90.

*23 Hyowon Gweon et al., "Theory of Mind Performance in Children Correlates with Functional Specialization of a Brain Region for Thinking about Thoughts," *Child Development* 83, no. 6 (November/December 2012): 1853-868.

*24 Michael Lombardo et al., "Specialization of Right Temporo-Parietal Junction for Mentalizing and Its Relation to Social Impairments in Autism," *NeuroImage* 56, no. 3 (June 2011): 1832-838.

*25 Michael Lombardo et al., "Atypical Neural Self-Representation in Autism," *Brain* 133, no. 2 (February 2010): 611-24.

*26 Laura Spinney, "Therapy for Autistic Children Causes Outcry in France," *The Lancet* 370 (August 2007): 645-46.

*27 David Amaral et al., "Against *Le Packing*: A Consensus Statement," *Journal of the American Academy of Child & Adolescent Psychiatry* 50, no. 2 (February 2011): 191-2.

*28 Angèle Consoli et al., "Lorazepam, Fluoxetine and Packing Therapy in an Adolescent with Pervasive Developmental Disorder and Catatonia," *Journal of Physiology— Paris* 104, no. 6 (September 2010): 309-14.

*29 David Cohen et al., "Investigating the Use of Packing Therapy in Adolescents with Catatonia: A Retrospective Study," *Clinical Neuropsychiatry* 6, no. 1 (2009): 29-34.

*30 同上

*31 Elizabeth B. Torres et al., "Autism: The Micro-Movement Perspective," *Frontiers in Integrative Neuroscience* 7 (July 2013): 1-26.

*32 Ian P. Howard and Brian J. Rogers, *Perceiving in Depth, Volume 3: Other Mechanisms of Depth Perception* (Oxford: Oxford University Press, 2012), 266.

*33 Karl Friston, "The Free-Energy Principle: A Unified Brain Theory?" *Nature Reviews Neuroscience* 11 (February 2010): 127-38.

*34 同上

*35 同上

*36 Pawan Sinha et al., "Autism as a Disorder of Prediction," *Proceedings of the National Academy of Sciences* 111, no. 42 (October 2014): 15220-5225.

*37 同上

第7章　自分に寄りそうとき

*1 René Descartes, "Meditations on First Philosophy," trans. Elizabeth S. Haldane, in *The Philosophical Works of Descartes* (Cambridge: Cambridge University Press, 1911), 9. [『省察』山田弘明訳、ちくま学芸文庫、2006、他]

*2 Thomas Metzinger, *The Ego Tunnel: The Science of the Mind and the Myth of the Self* (New York: Basic Books, 2009), 75. [『エゴ・トンネル——心の科学と「わたし」という謎』原塑・鹿野祐介訳、岩波書店、2015]

*3 Peter Brugger et al., "Heautoscopy, Epilepsy, and Suicide," *Journal of Neurology, Neurosurgery & Psychiatry* 57, no. 7 (1994): 838-39.

*4 Guy de Maupassant, *The Horla*, trans. Charlotte Mandell (New York: Melville House, 2005), 41. [「オルラ」青柳瑞穂訳、『怪奇小説精華』筑摩書房、2012、他所収]

第6章　自己が踏みだす小さな一歩

＊1　Paul Collins, *Not Even Wrong: A Father's Journey into the Lost History of Autism* (New York, London: Bloomsbury, 2004), 225.［『自閉症の君は世界一の息子だ』中尾真理訳、青灯社、2007］

＊2　Anne Nesbet, *The Cabinet of Earths* (New York: HarperCollins, 2012), 49.

＊3　Uta Frith, ed., *Autism and Asperger Syndrome* (Cambridge: Cambridge University Press, 1991), 6.［『自閉症とアスペルガー症候群』冨田真紀訳、東京書籍、1996］

＊4　Uta Frith, *Autism: Explaining the Enigma*, 2nd ed. (Oxford: Blackwell Publishing, 2003), 5.［『新訂 自閉症の謎を解き明かす』冨田真紀訳、東京書籍、2009］

＊5　Leo Kanner, "Autistic Disturbances of Affective Contact," *Nervous Child* 2 (1943): 217-50.

＊6　同上

＊7　"A Cultural History of Autism," PBS, July 29, 2013, http://www.pbs.org/pov/neurotypical/autism-history-timeline.php

＊8　Kanner, "Autistic Disturbances."

＊9　Philippe Rochat, "Emerging Self-Concept," in *The Wiley-Blackwell Handbook of Infant Development*, 2nd ed., J. Gavin Bremner and Theodore D. Wachs, eds. (Oxford: Wiley-Blackwell, 2010), 322.

＊10　同上、323.

＊11　Philippe Rochat and Susan J. Hespos, "Differential Rooting Response by Neonates: Evidence for an Early Sense of Self," *Early Development and Parenting* 6, no. 3-4 (September-December 1997): 105-12.

＊12　Heinz Wimmer and Josef Perner, "Beliefs about Beliefs: Representation and Constraining Function of Wrong Beliefs in Young Children's Understanding of Deception," *Cognition* 13, no. 1 (January 1983): 103-28.

＊13　同上

＊14　Alan M. Leslie, "Pretense and Representation: The Origins of 'Theory of Mind,' " *Psychological Review* 94, no. 4 (1987): 412-26.

＊15　同上

＊16　Frith, *Autism: Explaining the Enigma*, 82.［前掲『新訂 自閉症の謎を解き明かす』］

＊17　S. Baron-Cohen et al., "Does the Autistic Child Have a 'Theory of Mind'?," *Cognition* 21, no. 1 (October 1985): 37-46.

＊18　Alison Gopnik and Janet Astington, "Children's Understanding of Representational Change and Its Relation to the Understanding of False Belief and the Appearance-Reality Distinction," *Child Development* 59, no. 1 (February 1988): 26-37.

＊19　Simon Baron-Cohen, "Are Autistic Children 'Behaviorists'?: An Examination of Their Mental-Physical and Appearance-Reality Distinctions," *Journal of Autism and Developmental Disorders* 19, no. 4 (1989): 579-600. Italics mine.

＊20　R. T. Hurlburt et al., "Sampling the Form of Inner Experience in Three Adults with Asperger Syndrome," *Psychological Medicine* 24 (May 1994): 385-95.

＊21　同上

＊22　Elizabeth Pellicano, "Links between Theory of Mind and Executive Function in Young Children with

*8　Russell Noyes Jr. and Roy Kletti, "Depersonalization in Response to Life-Threatening Danger," *Comprehensive Psychiatry* 18, no. 4 (July/August 1977): 375-84.

*9　同上

*10　サラについては名前を含め、個人を特定する細部は変えている。

*11　Antonio Damasio, *Self Comes to Mind: Constructing the Conscious Brain* (New York: Vintage Books, 2012), 21.［『自己が心にやってくる――意識ある脳の構築』山形浩生訳、早川書房、2013］

*12　"What is Homeostasis?," *Scientific American*, January 3, 2000, http://www.scientificamerican.com/article/what-is-homeostasis

*13　Damasio, *Self Comes to Mind*, 22.［前掲『自己が心にやってくる』］

*14　同上

*15　同上

*16　同上

*17　Mauricio Sierra and Anthony S. David, "Depersonalization: A Selective Impairment of Self-Awareness," *Consciousness and Cognition* 20, no. 1 (2011): 99-108.

*18　Lucas Sedeño et al., "How Do You Feel when You Can't Feel Your Body? Interoception, Functional Connectivity and Emotional Processing in Depersonalization-Derealization Disorder," *PLoS One* 9, no. 6 (June 2014): e98769.

*19　Jason J. Braithwaite et al., "Fractionating the Unitary Notion of Dissociation: Disembodied but Not Embodied Dissociative Experiences Are Associated with Exocentric Perspective-Taking," *Frontiers in Human Neuroscience* 7 (October 2013): 1-12.

*20　Nick Medford, "Emotion and the Unreal Self: Depersonalization Disorder and De-Affectualization," *Emotion Review* 4, no. 2 (April 2012): 139-44.

*21　Damasio, *Self Comes to Mind*, 126.［前掲『自己が心にやってくる』］

*22　Nick Medford et al., "Functional MRI Studies of Aberrant Self-Experience: Depersonalization Disorder Before and After Treatment," Association for the Scientific Study of Consciousness, http://www.theassc.org/assc15_talks_posters

*23　William James, "What Is an Emotion?" *Mind* 9, no. 34 (1884): 188-205.

*24　同上

*25　For a complete analysis, see James D. Laird, *Feelings: The Perception of Self* (New York: Oxford University Press, 2007), 65.

*26　Stanley Schachter and Jerome Singer, "Cognitive, Social and Physiological Determinants of Emotional State," *Psychological Review* 69, no. 5 (September 1962): 379-99.

*27　前掲 Laird, *Feelings*, 72.

*28　同上、73.

*29　同上、78.

*30　Anil Seth, ed., *30-Second Brain* (London: Icon Books, 2014), 50.

*31　Anil Ananthaswamy, "I, Algorithm," *New Scientist*, January 29, 2011, 28-31.

*32　Anil Seth, "Interoceptive Inference, Emotion, and the Embodied Self," *Trends in Cognitive Sciences* 17, no. 11 (November 2013): 565-73.

*11 Roger Sperry, "Neural Basis of the Spontaneous Optokinetic Response Produced by Visual Inversion," *Journal of Comparative and Physiological Psychology* 43, no. 6 (December 1950): 482-89.

*12 Irwin Feinberg, "Efference Copy and Corollary Discharge: Implications for Thinking and Its Disorders," *Schizophrenia Bulletin* 4, no. 4 (1978): 636-40.

*13 同上

*14 James F. A. Poulet and Berthold Hedwig, "The Cellular Basis of a Corollary Discharge," *Science* 311 (January 27, 2006): 518-22.

*15 Sarah-Jayne Blakemore et al., "Why Can't You Tickle Yourself?," *NeuroReport* 11, no. 11 (August 2000): R11-16.

*16 Sarah-Jayne Blakemore et al., "The Perception of Self-Produced Sensory Stimuli in Patients with Auditory Hallucinations and Passivity Experiences: Evidence for a Breakdown in Self-Monitoring," *Psychological Medicine* 30, no. 5 (September 2000): 1131-139.

*17 Daniel H. Mathalon and Judith M. Ford, "Corollary Discharge Dysfunction in Schizophrenia: Evidence for an Elemental Deficit," *Clinical EEG and Neuroscience* 39, no. 2 (2008): 82-86.

*18 Matthis Synofzik et al., "Beyond the Comparator Model: A Multifactorial Two-Step Account of Agency," *Consciousness and Cognition* 17, no. 1 (March 2008): 219-39.

*19 Matthis Synofzik et al., "Misattributions of Agency in Schizophrenia Are Based on Imprecise Predictions about the Sensory Consequences of One's Actions," *Brain* 133 (January 2010): 262-71.

*20 同上

*21 前掲 Deveson, *Tell Me I'm Here*, 132.

*22 Ralph E. Hoffman and Michelle Hampson, "Functional Connectivity Studies of Patients with Auditory Verbal Hallucinations," *Frontiers in Human Neuroscience* 6 (January 2012): 1.

*23 Judith Ford, "Phenomenology of Auditory Verbal Hallucinations and Their Neural Basis," Hearing Voices: The 2013 Music and Brain Symposium, Stanford University, April 13, 2013, http://www.ustream.tv/recorded/31412393

*24 Lauren Slater, *Welcome to My Country* (New York: Anchor Books, 1997), 5.［『わたしの国にようこそ——精神分裂病患者の心理世界』高野裕美子訳、早川書房、1996］

第5章　まるで夢のような私

*1 Virginia Woolf, *The Letters of Virginia Woolf, Volume 2: 1912-1922.* Nigel Nicolson and Joanne Trautman, eds. (Boston: Houghton Mifflin Harcourt, 1978), 400.

*2 Albert Camus, *The Myth of Sisyphus and Other Essays* (New York: Vintage, 1991), 19.［前掲『シーシュポスの神話』］

*3 Mauricio Sierra, *Depersonalization: A New Look at a Neglected Syndrome* (Cambridge: Cambridge University Press, 2009), 8. に引用されている。

*4 同上

*5 Dawn Baker et al., *Overcoming Depersonalization & Feelings of Unreality* (London: Constable and Robinson, 2012), 24. に引用されている。

*6 Henri-Frédéric Amiel, *Amiel's Journal*, trans. Mary Ward. The Project Gutenberg ebook is at http://www.gutenberg.org/files/8545/8545-h/8545-h.htm

*7 前掲 Sierra, *Depersonalization*, 17. に引用されている。

＊17 前掲 McGeoch et al., "Xenomelia."

＊18 Lorimer G. Moseley et al., "Bodily Illusions in Health and Disease: Physiological and Clinical Perspectives and the Concept of a Cortical 'Body Matrix,' " *Neuroscience and Biobehavioral Reviews* 36, no. 1 (2012): 34-46.

＊19 Thomas Metzinger, "The Subjectivity of Subjective Experience: A Representationalist Analysis of the First-Person Perspective," *Networks* 3-4 (2004): 33-64.

＊20 Roger C. Conant and Ross W. Ashby, "Every Good Regulator of a System Must Be a Model of That System," *International Journal of Systems Science* 1, no. 2 (1970): 89-97.

＊21 Thomas Metzinger, *Being No One: The Self-Model Theory of Subjectivity* (Cambridge, MA: MIT Press, 2003), 267.

＊22 David Brang et al., "Apotemnophilia: A Neurological Disorder," *NeuroReport* 19, no. 13 (August 2008): 1305-306.

＊23 同上

＊24 Atsushi Aoyama et al., "Impaired Spatial-Temporal Integration of Touch in Xenomelia (Body Integrity Identity Disorder)," *Spatial Cognition & Computation* 12, nos. 2-3 (2012): 96-110.

＊25 Randy Dotinga, "Out on a Limb," *Salon*, August 29, 2000, http://www.salon.com/2000/08/29/amputation

＊26 ドクター・リーの手術前の描写は、彼と病院スタッフを守るために脚色している。

＊27 デヴィッド、パトリック、ドクター・リー、病院とその近辺に関する詳細は特定を避けるために変えている。

第4章　お願い、私はここにいると言って

章題はアン・デヴソンが書いた『心病むわが子』(堂浦恵津子訳、晶文社、1995) の原題 "Tell Me I'm Here," (New York: Penguin, 1992) から取っている。

＊1 Louis A. Sass, *Madness and Modernism: Insanity in the Light of Modern Art, Literature, and Thought* (Cambridge, MA: Harvard University Press, 1994), 216. に引用されている。

＊2 Karl Jaspers, *General Psychopathology* (Manchester: Manchester University Press, 1963), 97.

＊3 ローリーとピーターについては、名前を含め、細部を変えている。

＊4 ソフィーについては名前を含め、個人を特定する細部は変えている。

＊5 前掲 Sass, *Madness and Modernism*.

＊6 Louis A. Sass and Josef Parnas,"Schizophrenia, Consciousness, and the Self," *Schizophrenia Bulletin* 29, no. 3 (2003): 427-44.

＊7 Louis A. Sass, "Self-Disturbance And Schizophrenia: Structure, Specificity, Pathogenesis (Current Issues, New Directions)," *Schizophrenia Research* 152, no. 1 (January 2014): 5-11.

＊8 Bruce Bridgeman, "Efference Copy and Its Limitations," *Computers in Biology and Medicine* 37, no. 7 (July 2007): 924-29.

＊9 Erich von Holst and Horst Mittelstaedt, "Das Reafferenzprinzip," *Die Naturwissenschaften* 37, no. 20 (October 1950): 464-76. Translated as: "The Principle of Reafference: Interactions between the Central Nervous System and the Peripheral Organs," in *Perceptual Processing: Stimulus Equivalence and Pattern Recognition*, P. C. Dodwell, ed. (New York: Appleton-Century-Crofts, 1971), 41-72.

＊10 同上

＊32 同上

＊33 Pia C. Kontos, "Alzheimer Expressions or Expressions Despite Alzheimer's?: Philosophical Reflections on Selfhood and Embodiment," *Occasion: Interdisciplinary Studies in the Humanities* 4 (May 2012): 1-12.

＊34 *The Embodied Self: Dimensions, Coherence and Disorders*, Thomas Fuchs et al., eds. (Stuttgart: Schattauer GmbH, 2010), v. に引用されている。

＊35 前掲 Kontos, "Embodied Selfhood."

＊36 Pia C. Kontos, "Ethnographic Reflections on Selfhood, Embodiment and Alzheimer's Disease," *Ageing & Society* 24, no. 6 (2004): 829-49.

＊37 Pia C. Kontos, "Habitus: An Incomplete Account of Human Agency," *The American Journal of Semiotics* 22, no. 1/4 (2006): 67-83.

第3章 自分の足がいらない男

＊1 Oliver Sacks, *A Leg to Stand On* (New York: Touchstone, 1998), 53.［『左足をとりもどすまで』金沢泰子訳、晶文社、1994］

＊2 V. S. Ramachandran in Christopher Rawlence, *Phantoms in the Brain*, 2000, https://www.youtube.com/watch?-feature=player_embedded&list=PL361F982E5B7C1550&v=PpEpj-JgGDI#t=138

＊3 Paul D. McGeoch et al., "Xenomelia: A New Right Parietal Lobe Syndrome," *Journal of Neurology, Neurosurgery & Psychiatry* 82 (2011): 1314-319.

＊4 Leonie Maria Hilti and Peter Brugger, "Incarnation and Animation: Physical Versus Representational Deficits of Body Integrity," *Experimental Brain Research* 204, no. 3 (2010): 315-26.

＊5 John Money et al., "Apotemnophilia: Two Cases of Self-Demand Amputation as a Paraphilia," *Journal of Sex Research* 13, no. 2 (May 1977): 115-25.

＊6 David L. Rowland and Luca Incrocci, eds., *Handbook of Sexual and Gender Identity Disorders* (Hoboken, NJ: John Wiley & Sons, 2008), 496.

＊7 "Complete Obsession," transcript, BBC, February 17,2000, http://www.bbc.co.uk/science/horizon/1999/obsession_script.shtml

＊8 同上

＊9 Michael B. First, "Desire for Amputation of a Limb: Paraphilia, Psychosis, or a New Type of Identity Disorder," *Psychological Medicine* 35, no. 6 (June 2005): 919-28.

＊10 "Meetings," BIID.ORG, 日付なし, http://www.biid.org/meetings.html

＊11 前掲 "Complete Obsession."

＊12 同上

＊13 Matthew Botvinick and Jonathan Cohen, "Rubber Hands 'Feel' Touch That Eyes See," *Nature* 391 (February 19, 1998): 756.

＊14 V. S. Ramachandran and William Hirstein, "The Perception of Phantom Limbs: The D. O. Hebb Lecture," *Brain* 121 (1998): 1603-630. を参照のこと。

＊15 Peter Brugger et al., "Beyond Re-membering: Phantom Sensations of Congenitally Absent Limbs," *Proceedings of the National Academy of Sciences* 97, no. 11 (May 2000): 6167-172.

＊16 L. M. Hilti et al., "The Desire for Healthy Limb Amputation: Structural Brain Correlates and Clinical Features of Xenomelia," *Brain* 136, no. 1 (January 2013): 318-29.

*6　David Shenk, "The Memory Hole," *New York Times*, November 3, 2006.
*7　前掲 Maurer et al., "Auguste D."
*8　同上
*9　同上
*10　同上
*11　同上
*12　Elizabeth Arledge, *The Forgetting*, 1.40 sec. 傍点は筆者による。
*13　クレアの希望により、彼女の名前を含め、彼女と父親を特定できる詳細は変えている。
*14　批評のためには Pia C. Kontos, "Embodied Selfhood in Alzheimer's Disease: Rethinking Person-Centred Care," *Dementia* 4, no. 4: 553-70. を参照されたい。
*15　Donald E. Polkinghorne, "Narrative and Self-Concept," *Journal of Narrative and Life History* 1, nos. 2-3 (1991): 135-53.
*16　Joel W. Krueger, "The Who and the How of Experience," in *Self, No Self? Perspectives from Analytical, Phenomenological, & Indian Traditions*, Mark Siderits et al., eds. (Oxford: Oxford University Press, 2011), 37.
*17　Dan Zahavi, "Self and Other: The Limits of Narrative Understanding," *Royal Institute of Philosophy Supplement* 60 (May 2007), 179-202.
*18　Suzanne Corkin, "Lasting Consequences of Bilateral Medial Temporal Lobectomy: Clinical Course and Experimental Findings in H.M.," *Seminars in Neurology* 4, no. 2 (June 1984): 249-59.
*19　William Beecher Scoville and Brenda Milner, "Loss of Recent Memory after Bilateral Hippocampal Lesions," *Journal of Neurology, Neurosurgery & Psychiatry* 20 (1957): 11-21.
*20　同上
*21　前掲 Corkin, "Lasting Consequences."
*22　Suzanne Corkin et al., "H. M.'s Medial Temporal Lobe Lesion: Findings from Magnetic Resonance Imaging," *The Journal of Neuroscience* 17, no. 10 (May 1997): 3964-979.
*23　Gary W. Van Hoesen et al., "Entorhinal Cortex Pathology in Alzheimer's Disease," *Hippocampus* 1, no. 1 (January 1991): 1-8.
*24　Benedict Carey, "H. M., an Unforgettable Amnesiac, Dies at 82," *New York Times*, December 4, 2008.
*25　Daniel L. Schacter et al., "The Future of Memory: Remembering, Imagining, and the Brain," *Neuron* 76, no. 4 (November 2012): 677-94.
*26　Errol Morris, "The Anosognosic's Dilemma: Something's Wrong but You'll Never Know What It Is (Part 2)," *New York Times*, June 21, 2010, http://opinionator.blogs.nytimes.com/2010/06/21/the-anosognosics-dilemma-somethings-wrong-but-youll-never-know-what-it-is-part2-2 に引用されている。
*27　同上
*28　Giovanna Zamboni et al., "Neuroanatomy of Impaired Self-Awareness in Alzheimer's Disease and Mild Cognitive Impairment," *Cortex* 49, no. 3 (March 2013): 668-78.
*29　Suzanne Corkin, "What's New with the Amnesic Patient H.M.?," *Nature Reviews Neuroscience* 3 (February 2002),153-60.
*30　Clare J. Rathbone et al., "Self-Centered Memories: The Reminiscence Bump and the Self," *Memory & Cognition* 36, no. 8 (2008): 1403-414.
*31　Martin A. Conway, "Memory and the Self," *Journal of Memory and Language* 53 (2005): 594-628.

*16 David Cohen and Angèle Consoli, "Production of Supernatural Beliefs during Cotard's Syndrome, a Rare Psychotic Depression," *Behavioral and Brain Sciences* 29, no. 5 (October 2006): 468-70.

*17 同上

*18 Edward Shorter, "Darwin's Contribution to Psychiatry," *The British Journal of Psychiatry* 195, no. 6 (2009): 473-74.

*19 同上

*20 同上

*21 "Louis Althusser," *Stanford Encyclopedia of Philosophy*, http://plato.stanford.edu/entries/althusser

*22 Audrey Vanhaudenhuyse et al., "Two Distinct Neuronal Networks Mediate the Awareness of Environment and of Self," *Journal of Cognitive Neuroscience* 23, no. 3 (March 2011): 570-78.

*23 "Franz Joseph Gall," *Encyclopedia Britannica*, http://www.britannica.com/EBchecked/topic/224182/Franz-Joseph-Gall

*24 Vanessa Charland-Verville et al., "Brain Dead Yet Mind Alive: A Positron Emission Tomography Case Study of Brain Metabolism in Cotard's Syndrome," *Cortex* 49 (2013): 1997-999.

*25 グラハムの場合には、これらは背外側前頭前野だった。

*26 Seshadri Sekhar Chatterjee and Sayantanava Mitra, " 'I Do Not Exist': Cotard Syndrome in Insular Cortex Atrophy," *Biological Psychiatry* (November 2014).

*27 Shaun Gallagher, "Philosophical Conceptions of the Self: Implications for Cognitive Science," *Trends in Cognitive Sciences* 4, no. 1 (January 2000): 14-21.

*28 William James, *The Principles of Psychology*, https://ebooks.adelaide.edu.au/j/james/william/principles/chapter10.html

*29 同上

*30 同上

*31 Thomas Metzinger, *Being No One: The Self-Model Theory of Subjectivity* (Cambridge, MA: MIT Press, 2003), 267.

*32 Sue E. Estroff, "Self, Identity, and Subjective Experiences of Schizophrenia: In Search of the Subject," *Schizophrenia Bulletin* 15, no. 2 (1989): 189. に引用されている。

*33 Elizabeth Arledge, *The Forgetting: A Portrait of Alzheimer's*, PBS, 2004, http://www.pbs.org/theforgetting/experience/first_person.html

*34 同上

第2章　私のストーリーが消えていく

*1 Ralph Waldo Emerson, *The Later Lectures of Ralph Waldo Emerson, 1843-1871*, vol .2, Ronald A. Bosco and Joel Myerson, eds. (Athens and London: University of Georgia Press, 2010), 102.

*2 Konrad Maurer et al. "Auguste D and Alzheimer's Disease," *The Lancet* 349, no. 9064 (May 1997): 1546-549.

*3 同上

*4 同上

*5 "History Module: Dr. Alois Alzheimer's First Cases," http://thebrain.mcgill.ca/flash/capsules/histoire_jaune03.html

原注

エピグラフ

Thomas Nagel, *The View from Nowhere* (Oxford: Oxford University Press, 1986), 55.［『どこでもないところからの眺め』中村昇訳、春秋社、2009］

プロローグ

「鬼に食われた男」の寓話は Jonardon Ganeri の許可を得て翻案。英訳は Jonardon Ganeri, *The Self: Naturalism, Consciousness and the First-Person Stance* (Oxford: Oxford University Press, 2012), 115.

第1章　生きているのに、死んでいる

*1 Adam Zeman, "What in the World Is Consciousness?," *Progress in Brain Research* 150 (2005): 1-10. に引用されている。

*2 Albert Camus, *The Myth of Sisyphus and Other Essays* (New York: Vintage, 1991), 19.［『シーシュポスの神話』清水徹訳、新潮文庫、2006］

*3 Michel Delon, ed., *Encyclopedia of the Enlightenment* (London, New York: Routledge, 2013), 258.

*4 J. Pearn and C. Gardner-Thorpe, "Jules Cotard (1840-1889): His Life and the Unique Syndrome Which Bears His Name," *Neurology* 58 (May 2002): 1400-03.

*5 G. E. Berrios and R. Luque, "Cotard's Delusion or Syndrome?: A Conceptual History," *Comprehensive Psychiatry* 36, no. 3 (May/June, 1995): 218-23.

*6 "René Descartes," *Stanford Encyclopedia of Philosophy*, http://plato.stanford.edu/entries/descartes

*7 Thomas Metzinger, "Why Are Identity Disorders Interesting for Philosophers?," in *Philosophy and Psychiatry*, Thomas Schramme and Johannes Thome, eds. (Berlin: Walter de Gruyter GmBH & Co, 2004), 311-25.

*8 同上

*9 Gordon Allportの言葉。 Stanley B. Klein and Cynthia E. Gangi, "The Multiplicity of Self: Neuropsychological Evidence and Its Implications for the Self as a Construct in Psychological Research," *Annals of the New York Academy of Sciences* 1191 (March 2010): 1-15. に引用されている。

*10 Anil Ananthaswamy, "Am I the Same Person I Was Yesterday?" *New Scientist*, July 23, 2011.

*11 Pausanias, *Description of Greece*, http://www.perseus .tufts.edu/hopper/text?doc=Perseus:text:1999.01.0160:book=10:chapter=24

*12 Swami Paramananda, *The Upanishads* (The Floating Press, 2011), 69.

*13 Saint Augustineの言葉。 前掲Klein and Gangi, "The Multiplicity of Self." に引用されている。

*14 David Cohen et al., "Cotard's Syndrome in a 15-Year-OldGirl," *Acta Psychiatrica Scandinavica* 95 (February 1997): 164-65.

*15 この一見して野蛮な治療法を肯定する説得力のある意見として、Sherwin Nuland の TED talk "How Electroshock Therapy Changed Me," を参照されたい。
http://www.ted.com/talks/sherwin_nuland_on_electroshock_therapy?language=en

[ハ行]

［タ行］

［ナ行］

[サ行]

索引

[英文字]

[ア行]

[カ行]

★著者
アニル・アナンサスワーミー
Anil Ananthaswamy
『ニューサイエンティスト』誌のニュース編集者を経て、現在は同誌のコンサルタントを務める。カリフォルニア大学サンタクルーズ校のサイエンスライティング・プログラムのゲスト編集者や、インド・バンガロールの国立生命科学研究センターで年に一度開講される科学ジャーナリズムワークショップのオーガナイザーとしても活動。『ナショナルジオグラフィック・ニュース』『ディスカヴァー』『マター』各誌にも寄稿。英国物理学会の物理学ジャーナリズム賞、英国サイエンスライター・アワードの「最も優れた研究報道」に贈られる賞を獲得している。初の著書『宇宙を解く壮大な10の実験』（河出書房新社）は二〇一〇年に英国物理学会『フィジクス・ワールド』誌で「二〇一〇年の本」の第一位に選ばれた。バンガロールとカリフォルニア州バークレーを拠点にしている。

★訳者
藤井留美（ふじい・るみ）
翻訳家。訳書にスティーヴンズ『悪癖の科学』、ガザニガ『〈わたし〉はどこにあるのか』（以上、紀伊國屋書店）、カーター『新・脳と心の地形図』（原書房）、ダンバー『友達の数は何人？』（インターシフト）、ピーズ『話を聞かない男、地図を読めない女』（主婦の友社）ほか多数。

★解説者
春日武彦（かすが・たけひこ）
一九五一年、京都府出身。日本医科大学卒。産婦人科医を経て精神科医に。医学博士、精神科専門医。都立松沢病院精神科部長、都立墨東病院神経科部長などを経て、現在も臨床に携わる。近著に『私家版 精神医学事典』（河出書房新社）、『鬱屈精神科医、お祓いを試みる』（太田出版）など。

私はすでに死んでいる
ゆがんだ〈自己〉を生みだす脳

二〇一八年二月二六日　第一刷発行
二〇一九年九月二〇日　第四刷発行

発行所　**株式会社紀伊國屋書店**
東京都新宿区新宿三－一七－七
出版部（編集）　〇三－六九一〇－〇五〇八
ホールセール部（営業）　〇三－六九一〇－〇五一九
〒一五三－八五〇四　東京都目黒区下目黒三－七－一〇

装　丁　木庭貴信＋青木春香（オクターヴ）

印刷・製本　図書印刷株式会社

ISBN978-4-314-01156-3 C0040 Printed in Japan

その〈脳科学〉にご用心
脳画像で心はわかるのか

サリー・サテル、S. O. リリエンフェルド
柴田裕之＝訳

マーケティングや法廷における脳科学の濫用と、
蔓延する〈神経中心主義〉に警鐘を鳴らす。
脳科学リテラシーを身につけるために最適な一冊。

四六判／332頁・本体価格2000円

〈わたし〉はどこにあるのか
ガザニガ脳科学講義

マイケル・S. ガザニガ
藤井留美＝訳

脳科学の歩みを振り返りつつ、自由意志と決定論、
社会と責任、倫理と法など、
自身が直面してきた難題の現在と展望を第一人者が総括する。

四六判／304頁・本体価格2000円